누구나 읽을 수 있는

수학의 역사
I

고대 수학사 1

누구나 읽을 수 있는 수학의 역사 I
(고대 수학사 1)

초판발행   2023년 9월 1일

저 자   정완상
펴낸곳   지오북스
등 록   2016년 3월 7일 제395-2016-000014호
전 화   02)381-0706 / 팩스   02)371-0706
이메일   emotion-books@naver.com
홈페이지   www.geobooks.co.kr

ISBN   979-11-91346-68-8
값 15,000원

이 책은 저작권법으로 보호받는 저작물입니다.
이 책의 내용을 전부 또는 일부를 무단으로 전재하거나 복제할 수 없습니다.
파본이나 잘못된 책은 바꿔드립니다.

서문

저는 2004년부터 지금까지 주로 초등학생을 위한 과학 수학 도서를 써 왔습니다. 초등학생을 위한 책을 쓰면서 많이 즐겁지만 한편으로 수학을 사용하지 못하는 점이 많이 아쉬웠습니다. 그래서 수식을 사용할 수 있는 일반인 대상의 수학 과학책을 써 볼 기회가 저에게도 주어지기를 희망해 왔습니다.

저는 1992년 KAIST(한국과학기술원)에서 이론물리학의 한 주제인 〈초중력이론〉으로 박사학위를 받고 운 좋게도 1992년 30세의 나이에 교수가 되어 현재까지 경상국립대학교 물리학과에서 교수로 근무하고 있습니다. 저는 현재까지 300여 편의 논문을 수학이나 물리학의 세계적인 학술지 (SCI 저널)에 게재했고, 여가 시간에는 취미로 집필활동을 합니다.

드디어 한국에도 수학의 노벨상이라고 부르는 필즈상 수상자가 나왔습니다. 이제 많은 수학영재들이 제2의 허준이를 꿈꾸는 시대가 되었습니다.

수학의 영웅들을 역사를 통해 만나보고 그 영웅들이 어떤 수학문제를 골똘하게 생각하고 해결해냈는지를 아는 것은 굉장히 중요합니다. 이를 통해 앞으로 어떤 수학 연구를 해야 하는지를 알 수 있기 때문입니다. 이것이 바로 수학의 역사를 집필하게 된 목적입니다. 수학의 역사 시리즈 4권을 통해, 최초의 수학자 탈레스부터 한국 최초의 필즈상 수상자 허준이까지를 다루었습니다.

이 책에서 저는 수학자들이 한 일을 역사와 곁들여 다루었습니다. 그들이 한 수학적 업적을 중학교 정도의 수학으로 이해할 수 있도록 다루어

보았습니다. 이 책은 미래의 필즈상을 꿈꾸는 학생들이나 수학 영웅들의 이야기에 관심이 많은 일반인들이 읽을 수 있도록 꾸며 보았습니다. 조금 어려운 내용은 네이버 카페 〈정완상의 수학과 물리〉에 자료로 올려놓았습니다.

1권에서는 주로 고대 그리스의 수학 영웅들의 이야기를 다루었습니다. 그리스 이전의 고대 이집트 문명, 고대 메소포타미아 문명의 수학으로 시작하여, 수의 탄생 이야기와 고대 그리스의 수학영웅 탈레스, 피타고라스, 제논, 플라톤, 에우독소수, 아리스토텔레스 등의 이야기가 등장합니다.

끝으로 이 책의 출간을 결정해 준 지오북스의 김남우 사장과 직원들에게 감사를 드립니다. 그리고 프랑스 수학자들의 원문 번역에 도움을 준 아내에게 감사를 드립니다. 그리고 이 책을 쓸 수 있도록 멋진 수학을 만들어낸 수학사의 영웅들에게도 감사를 드립니다.

진주에서 정완상 교수

목 차

제 1 장	고대 이집트 수학	5
제 2 장	메소포타미아 문명의 수학	31
제 3 장	최초의 수학자 탈레스	47
제 4 장	피타고라스의 등장	63
제 5 장	그리스 3대 문제와 제논의 역설	109
제 6 장	플라톤, 에우독소수, 아리스토텔레스	125

제1장

고대 이집트 수학

1-1 문명 발생 이전의 수학

 이제 슬슬 수학의 역사를 시작해보자. 먼저 문명에 대한 정의로부터 시작하자. 문명이란 인류가 이룩한 물질적, 기술적, 사회 구조적인 발전을 말한다. 다시 말해, 문명은 자연 그대로의 원시적 생활에 비해 발전되고 세련된 삶의 모습을 말한다.

 문명은 영어로 Civilization이라고 쓰고, 한자로는 문명(文明)이라고 쓴다. 문(文)이란 글이란 뜻이고, 명(明)은 밝음의 뜻으로서 어둠에 대비되는 개념으로 이 어둠은 문(文)이 있기 이전의 "무지"를 나타낸다.

 문명이 발생하면서 인류는 글을 쓰기 위해 문자를 만들어 저작물들을 남기기 시작했다. 이렇게 문명이 발생한 후의 자료를 통해 현대인들은 과거의 역사를 들여다볼 수 있게 되었다. 그런데 문명이 문자의 발명에만 국한된 것은 아니었다. 문명의 발생으로 수학의 기본이라고 할 수 있는 숫자들이 만들어졌다.

수와 숫자의 차이는 알파벳과 단어의 차이와 같다. b라고 썼을 때 이것은 어떤 의미를 지니고 있지 않다. 하지만 boy처럼 세 개의 알파벳을 일렬로 나열하면 '소년'이라는 뜻을 가진 영어단어가 된다. 숫자와 수의 관계도 마찬가지이다. 우리가 현재 사용하는 수는 다음과 같은 10개의 숫자들에 의해 표현된다.

0, 1, 2, 3, 4, 5, 6, 7, 8, 9

물론 이들 각각은 일의 자릿수가 된다. 하지만 숫자 두 개를 나란히 써서 37이라고 쓰면 이것은 ' 삼십칠'이라고 읽고 두 자릿수가 된다. 숫자를 여러 개 나열한다고 해서 항상 수가 되는 건 아니다.

전화번호 1588-3468을 보자. 여기에서 1588이나 3468는 수가 아니라 단순히 네 개의 숫자들의 나열일 뿐이다. 자동차 번호판이나 통장의 계좌번호도 수는 아니다.

이렇게 10개의 숫자들로 여러 자릿수의 수를 나타낼 수 있는데 이 열 개의 숫자를 인도-아라비아 숫자라고 부른다. 인도-아라비아 숫자에 대해서는 다음에 설명하기로 하고, 숫자가 없던 시절의 이야기를 해보자.

아주 오랜 옛날 숫자가 없던 시절에도 수는 필요했다. 어떤 부족의 인구가 얼마인지? 자신이 키우고 있는 양의 수가 줄어들지는 않았는지? 등을 알기 위해서였다. 당시 사람들은 나무나 동물의 뼈에 눈금을 새기거나 끈에 매듭을 묶는다든가 해서 수를 나타냈다. 1960년 벨기에의

브로크는 아프리카 콩고의 '이상고'에서 2만 년 전에 만들어진 눈금이 새겨진 동물의 뼈를 발견했다.

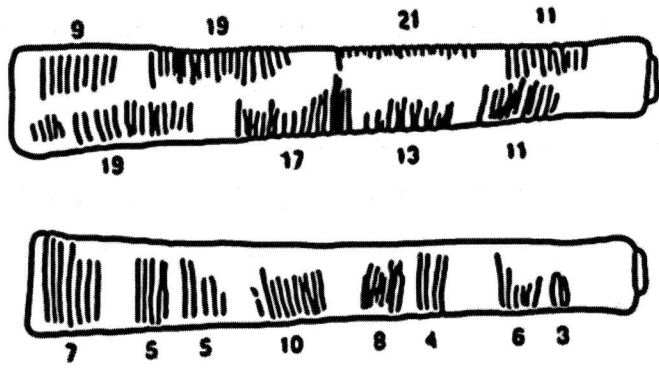

이상고 뼈

기원은 알려져 있지 않지만 호주의 오래된 부족은 아직도 수를 헤아릴 때 오코사와 우라펀이라는 두 단어를 이용했다.

이들은 1을 나타내는 우라펀과 2를 나타내는 오코사를 사용하여 모든 수를 나타내는 데 예를 들면 다음과 같다.

1 우라펀
2 오코사
3 오코사 우라펀
4 오코사 오코사
5 오코사 오코사 우라펀
6 오코사 오코사 오코사

오코사와 우라펀을 이용해 모든 수를 나타내는 것은 현재의 이진법 체계에서 0과 1만으로 모든 수를 나타내는 방식과 흡사하다.

고대인들은 또한 몸으로 수를 나타내기도 했다. 예를 들어 오른손 새끼손가락부터 엄지손가락까지는 차례로 1부터 5까지의 수를 나타내고, 6은 오른쪽 손목, 7은 오른쪽 팔꿈치, 8은 오른쪽 어깨, 9는 오른쪽 귀, 10은 오른쪽 눈, 11은 코, 12는 입, 13은 왼쪽 눈, 14는 왼쪽 귀, 15는 왼쪽 어깨, 16은 왼쪽 팔꿈치, 17은 왼쪽 손목, 18부터 22는 왼손 엄지손가락부터 새끼손가락으로 나타내는 방식이다.

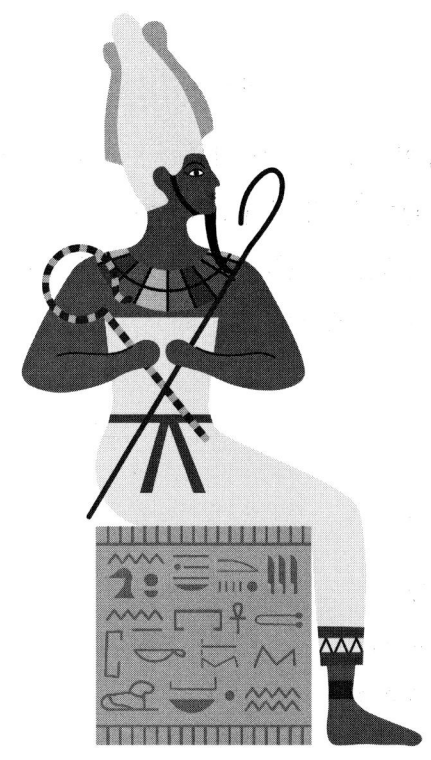

1-2 이집트의 숫자

　문명의 발생 원인에 대한 의견은 매우 많은데, 전통적으로는 기후나 지형 같은 환경적 영향으로 문명이 성장했다는 학설이 지배적이다. 문명의 발생에 대해 역사학자 아놀드 토인비는 인류에게 시련이 있었고 이에 대응할 수 있는 방법을 인류가 창의력을 발휘해 찾아서 문명이 발전해 나갔다고 주장했다.

　수학의 시작 역시 문명이 발생한 시점으로 보는 것이 좋다. 우리는 흔히 세계 4대 문명이라는 말을 사용한다. 세계 4대 문명이란 인류 문명의 원류를 중국, 인도, 이집트, 메소포타미아의 네 갈래로 구분할 수 있다는 것으로, 중국 청나라 말기 사상가인 량치차오(梁啓超)가 1900년 자신의 저서 《20세기 태평양가(二十世紀太平洋歌)》에서 언급한 이후 일본의 고고학자 에가미 나미오(江上波夫) 등이 이러한 구분을 사용하면서 주로 동양을 중심으로 확산된 개념이다. 반면, 서양에서는 4대 문명에 한정하지 않고 '고대 안데스(Ancient Andes) 문명' 등 세계 각지의 굵직한 문명 등을 포함해 다양한 문명을 언급한다.

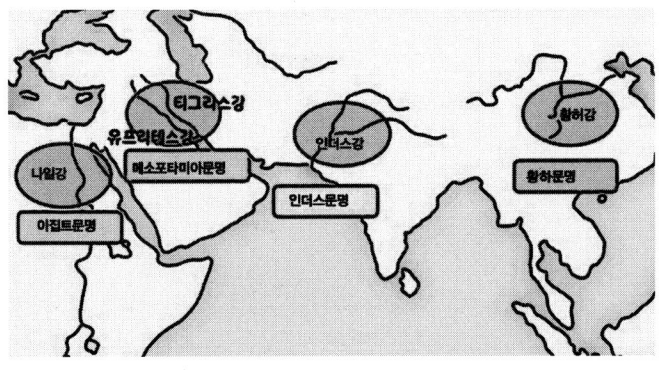

세계의 4대 문명은 모두 큰 강 유역에서 발생했다. 나일강 주위에서는 이집트 문명이 유프라테스강과 티그리스강 주위에서는 메소포타미아 문명이 갠지스강 주위에서는 인도 문명(인더스 문명)이 황허강 주위에서는 황허 문명이 발생했다.

4대 문명 중 가장 먼저 발생한 것은 메소포타미아 문명이지만 숫자를 처음 만든 문명은 이집트 문명이다.

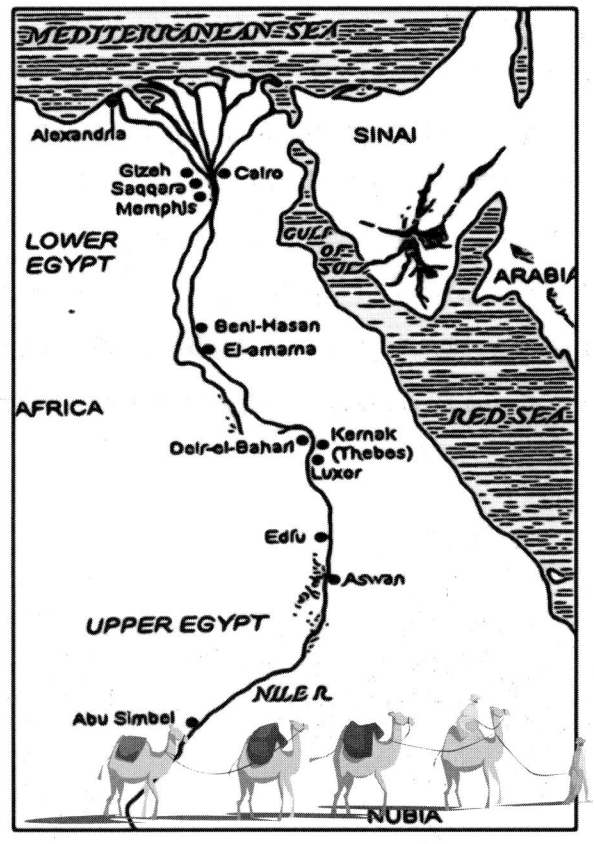

고대 이집트 문명 지도

먼저 이집트의 수학에 대해 이야기해보자.

이집트 문명은 기원전 3150년경, 나일강 계곡에 위치한 북동 아프리카에서 발생한 문명이다.

고대 이집트 문명은 최고의 전성기인 기원전 15세기에 나일강 삼각주에서 제벨 바르카(Jebel Barkal)까지 세력을 뻗쳤다. 이집트 문명은 기원전 3150년부터 기원전 343년까지 삼 천년 가까이 존재했으며 마케도니아 알렉산더 대왕의 점령으로 그 막을 내리게 된다.

기원전은 영어로 BC라고 쓰는데 Before Christ의 이니셜이다. 예수가 탄생한 해를 서기 1년이라고 하고, 그 전 해를 기원전 1년이라고 부른다. 세기는 100년 동안을 말하니까 다음과 같다.

기원전 1세기 = 기원전 1년부터 기원전 100년
기원전 2세기 = 기원전 101년부터 기원전 200년
기원전 3세기 = 기원전 201년부터 기원전 300년
기원전 4세기 = 기원전 301년부터 기원전 400년
기원전 5세기 = 기원전 401년부터 기원전 500년
기원전 6세기 = 기원전 501년부터 기원전 600년

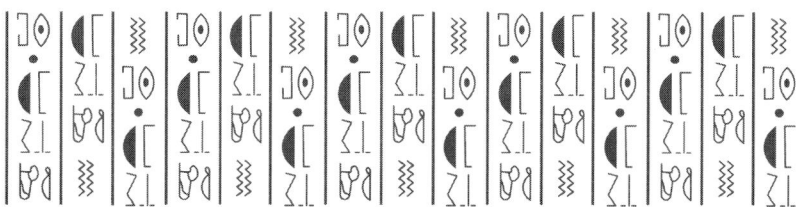

이집트의 수는 십진법에 기초를 두고 있다. 이집트 사람들은 1, 10, 100, 1000, 10000, 100000, 1000000 등을 나타내는 기호를 만들어 큰 수를 나타냈다.

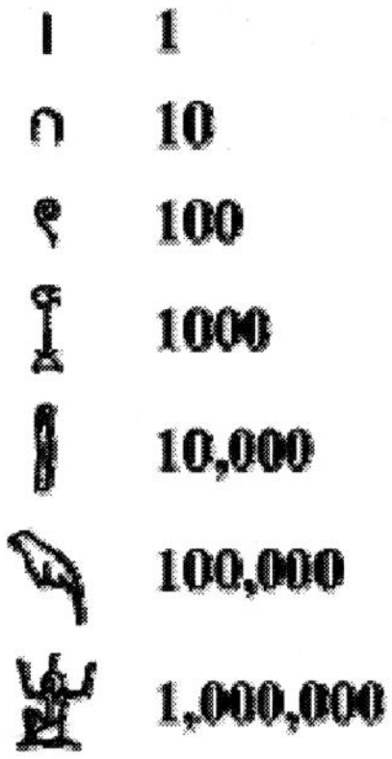

| 1
∩ 10
ℓ 100
𐦂 1000
𓂋 10,000
𓆼 100,000
𓁨 1,000,000

1을 나타내는 기호는 수직 막대기 한 개다. 따라서 1부터 9까지의 수는 다음과 같다.

1 =l
2 =ll
3 =lll
4 =llll
5 =lllll
6 =llllll
7 =lllllll
8 =llllllll
9 =lllllllll

10은 뒤꿈치 뼈를 본 뜬 기호이다. 20은 10이 두 개 모인 것이므로 ∩∩가 되고, 93은   ∩ ∩ ∩ ∩ ∩ ∩ ∩ ∩ ∩ lll 등과 같이 나타냈다. 100은 두루마리 모양이고 1000은 강에 떠 있는 연꽃의 수가 그 정도 된다는 의미에서 연꽃 모양으로 나타냈다. 10000을 나타내는 기호는 손가락으로 무언가를 지적하는 모양인데 수가 너무 많아 신기해하는 모습을 나타냈다. 100000을 나타내는 기호는 올챙이로 강에서 사는 올챙이의 수가 그 정도라는 의미이다. 1000000을 나타내는 기호는 손을 번쩍 든 사람인데 너무나 큰 수이기 때문에 깜짝 놀랄 정도라는 의미를 담고 있다. 예를 들어 1996을 이집트 숫자로 나타내면 다음과 같다.

1-3 분수의 발견

석기 시대 사람들은 분수의 필요성을 느끼지 못했지만 청동기 시대로 접어들면서 사람들은 분수를 필요로 하게 되었다. 분수를 처음 사용한 사람들은 이집트 사람들이었는데 그들은 주로 단위분수를 나타내는 기호를 만들어 사용했지. 단위분수는 $\frac{1}{2}, \frac{1}{3}, \frac{1}{5}$ 와 같이 분자가 1인 분수를 말한다.

분수의 사용에 대한 최초의 기록은 기원전 1650년 경 이집트의 아메스(Ahmes)의 파피루스-이집트 나일강 변에서 자라는 물풀로 만든 종이-에서 발견되었다. 이 파피루스는 너비가 30센티미터이고 길이가 540센티미터 정도인데 스코틀랜드의 고고학자인 린드가 1858년 이집트 테베에서 발견했다. 그래서 이 파피루스를 린드 파피루스라고 부른다.

린드 파피루스에 나온 수학적인 내용들은 아메스가 처음 발견한 것이 아니라 기원전 2000년에서 기원전 1800년까지 이집트에 알려진 수학적인 내용들을 아메스가 정리한 것이다. 이 파피루스에는 이집트 사람들이 사용한 단위분수에 대한 기호들이 등장한다.

예를 들어 그들은 $\frac{1}{2}$ 을 나타내는 기호를 다음과 같이 도입했다.

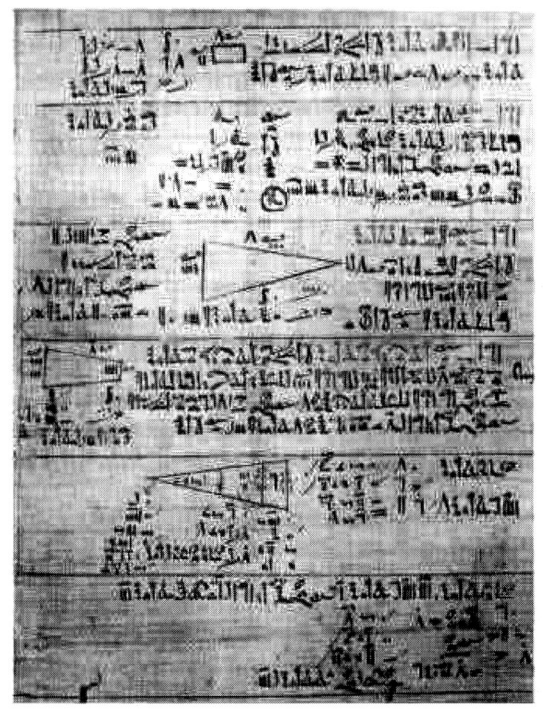

린드 파피루스

이집트 사람들은 $\frac{1}{3}$을 나타내기 위해 위에는 분자인 1을 나타내는 를 쓰고 그 아래에 분모 3을 나타내는 III을 썼다.

III

그러므로 $\frac{1}{10}$은 위에는 분자 1을 나타내는 기호를 쓰고 아래에는 분모 10을 나타내는 기호를 써서 다음과 같이 나타냈다.

이집트 사람들은 단위분수만 사용한 것은 아니다. 이집트 사람들은 $\frac{2}{3}$가 자주 사용되기 때문에 이 분수를 나타내는 기호를 다음과 같이 만들었다.

이것은 얼핏보면 $\frac{1}{2}$을 나타내는 기호 같지만 이집트 사람들은 $\frac{1}{2}$을 나타내는 다른 기호가 있기 때문에 이 기호를 $\frac{2}{3}$를 나타내는 기호로 사용했다.

이집트 사람들은 단위 분수가 아닌 분수를 단위 분수로 나타내는 방법을 알아냈다. 예를 들어 $\frac{5}{6}$는 단위분수는 아니지만 $\frac{1}{2}$과 $\frac{1}{3}$을 더해서 만들 수 있다. 이집트 사람들은 먼저 분자가 2이고 분모가 홀수인 분수를 단위분수의 합으로 나타냈다.

$$\frac{2}{5} = \frac{1}{3} + \frac{1}{15} \quad (1\text{-}3\text{-}1)$$

$$\frac{2}{7} = \frac{1}{4} + \frac{1}{28} \quad \text{(1-3-2)}$$

$$\frac{2}{9} = \frac{1}{6} + \frac{1}{18} \quad \text{(1-3-3)}$$

$$\frac{2}{11} = \frac{1}{6} + \frac{1}{66} \quad \text{(1-3-4)}$$

$$\frac{2}{13} = \frac{1}{8} + \frac{1}{52} + \frac{1}{104} \quad \text{(1-3-5)}$$

$$\frac{2}{15} = \frac{1}{10} + \frac{1}{30} \quad \text{(1-3-6)}$$

이집트 사람들은 이런 식으로 해서 분모가 101인 경우까지 찾아냈어.

$$\frac{2}{101} = \frac{1}{101} + \frac{1}{202} + \frac{1}{303} + \frac{1}{606} \quad \text{(1-3-7)}$$

이집트 사람들은 이것을 이용해서 분자가 2가 아닌 분수도 단위분수의 합으로 나타낼 수 있었다. 예를 들어,

$$\frac{3}{5} = \frac{2}{5} + \frac{1}{5}$$

이고 (1-3-1)을 이용하면

$$\frac{3}{5} = (\frac{1}{3} + \frac{1}{15}) + \frac{1}{5} = \frac{1}{3} + \frac{1}{5} + \frac{1}{15}$$

이다. 또 다른 예를 들어 보자.

$$\frac{4}{7} = 2 \times \frac{2}{7}$$

이고 (1-3-2)를 이용하면

$$\frac{4}{7} = 2 \times (\frac{1}{4} + \frac{1}{28}) = 2 \times \frac{1}{4} + 2 \times \frac{1}{28}$$
$$= \frac{2}{4} + \frac{2}{28} = \frac{1}{2} + \frac{1}{14}$$

이다. 이렇게 이집트 사람들은 단위분수만을 이용해서 모든 분수를 나타내는 방법을 일찍부터 알고 있었다.

이집트 사람들이 분수에 친숙한 것은 이집트의 재미난 신화에도 나타난다. 고대 이집트의 신전에는 이집트의 여러 신들의 그림이 그려져 있는데 이상하게 생긴 눈의 그림을 많이 볼 수 있다. 이 눈은 '호루스의 눈'으로 알려져 있는데 이집트 사람들에게는 중요한 부적이다.

매의 머리를 한 호루스 신은 이집트 왕을 나타낸다. 호루스의 눈은 오른쪽이 태양, 왼쪽이 달을 상징한다. 호루스 눈에 대한 이집트 신화는 아버지 오시리스 신으로 거슬러 올라간다. 이집트를 다스리는 오시리스는 동생 세트에게 살해당해 그의 시신이 여러 곳에 흩어졌다. 아내 이시스는 남편의 시신을 찾아내어 붙이고 입김을 불어넣어 부활시켰는데, 부활한 오시리스는 사후 세계의 신이 되고 그의 아들 호루스가 세트와 싸워 이겨서 아버지의 원수를 갚고 이집트의 왕이 된다.

하지만 호루스는 달을 상징하는 왼쪽 눈을 다치고 말았는데, 세트가 호루스의 눈을 뽑아 $\frac{1}{2}, \frac{1}{4}, \frac{1}{8}, \frac{1}{16}, \frac{1}{32}, \frac{1}{64}$ 으로 산산조각 내었다.

지혜의 신 토토가 흩어진 호루스의 눈을 모아서 다시 만들어 주었다고 하는데, 조각난 호루스의 눈을 모두 더해 보면 1보다 조금 모자랐다.

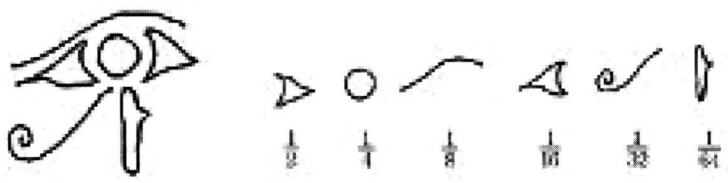

이집트 무덤 벽화에 나오는 호루스의 눈

1-4 일차방정식

일차방정식을 푸는 방법을 처음 알아낸 것도 이집트 사람들이다. 린드 파피루스에는 일차방정식 문제도 들어있다. 일차방정식 $3x=6$에서 미지수 x를 구하는 것을 일차방정식을 푼다라고 말한다. 이집트 사람들은 이 미지수 x를 '아하'라고 불렀다. 린드 파피루스에는 다음과 같은 문제가 있다.

「아하와 그것의 $\frac{1}{3}$을 더하면 16이다. 아하는 얼마인가?」

이집트 사람들은 지금의 방법과 다르게 이 문제를 풀었다. 아하를 대략 얼마 정도라고 예측하는 방법이다. 예를 들어, 아하를 3이라고 예측하면 3의 $\frac{1}{3}$은 1이므로 아하와 그것의 $\frac{1}{3}$을 더하면 3+1=4가 된다. 그런데 16은 4의 4배이므로 아하는 처음 예측한 수인 3의 4배인 12가 된다.

1-5 기하학의 시작

기하학의 역사도 이집트 사람들로부터 시작되었다. 기하는 영어로 geometry라고 쓰는데, geo는 땅을 뜻하고 metry는 측량을 뜻한다. 그러므로 기하학은 '땅을 측량하다'라는 뜻이다. 기하학은 이렇게 땅을 측량하거나 건축물의 높이나 길이를 측정하는 데서 탄생했다. 이집트 최고의 건축물인 피라미드를 짓기 위해서도 기하학 연구가 필요했다.

원자론으로 유명한 고대 그리스의 과학자 데모크리토스는 최초의 기하학자들은 고대 이집트의 측량사(새끼줄로 땅의 경계를 표시하는 사람)라고 주장했다. 린드 파피루스에는 많은 기하학 문제들이 수록되어 있다. 이등변 삼각형의 넓이가 밑변의 넓이의 반에 높이를 곱한 값이 된다는 것과 사다리꼴에 관한 연구, 직사각형의 넓이의 공식들을 다루고 있다.

원주율을 최초로 알아낸 사람을 아르키메데스로 알고 있지만 그것은 사실이 아니다. 이집트 사람들은 아르키메데스보다 훨씬 전 원의 넓이를 구하는 방법을 알아냈다. 그들은 지름이 9인 원의 넓이가 한 변의 길이가 8인 정사각형의 넓이와 같다는 것을 알아냈다. 현재의 원주율을 이용하면 지름이 9인 원의 넓이는 약 63.6173이 되어 64와 거의 흡사하다.

이집트 사람들이 생각한 원주율을 π라고 하면 지름이 9인 원의 넓이는

$$\pi \times \left(\frac{9}{2}\right)^2$$

이 되고, 이것이 한 변의 길이가 8인 정사각형의 넓이와 같으므로

$$\pi \times \left(\frac{9}{2}\right)^2 = 8^2$$

이 된다. 그러므로 이집트 사람이 사용한 원주율은

$$\pi = \frac{256}{81}$$

이다. 이 값은 약 3.16049으로 현재의 원주율의 값보다 조금 크다.

이집트 사람들은 피라미드와 같은 입체도형에 대한 연구도 했다. 이집트 사람들은 피라미드와 같은 입체 건축물 축조에 사용되기 때문에 입체도형의 부피를 구하는 공식을 만들어 냈다. 이집트 사람들의 입체도형에 대한 연구는 모스크바 파피루스에 잘 나와있다.

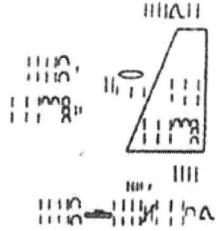 

모스크바 파피루스는 소련(현재의 러시아)의 골레니셰프가 1893년 이집트 테베에서 구입했다. 이 파피루스는 현재 모스크바의 푸시킨 주립 미술관 컬렉션에 보존되어 있어 모스크바 파피루스라 부른다. 이 파피루스는 길이는 린드 파피루스와 같지만 너비가 $\frac{1}{4}$ 정도로 밖에 되지 않는다. 모스크바 파피루스는 린드 파피루스보다 조금 더 오래전인 기원전 1850년 경에 만들어진 것으로 알려져 있다.

모스크바 파피루스에는 사각뿔대의 부피에 대한 공식이 들어있다. 사각뿔대는 사각뿔을 밑면과 평행한 면으로 자른 것을 말한다.

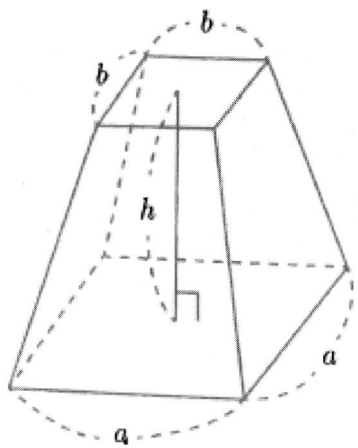

특히 밑면과 윗면이 모두 정사각형인 사각뿔대를 정사각뿔대라고 부른다. 이집트 사람들은 윗면의 한 변의 길이가 b이고 밑면의 한 변의 길이가 a이며, 높이가 h인 정사각뿔대의 부피 V가

$$V = \frac{1}{3}h(a^2 + ab + b^2)$$

으로 주어진다는 것을 알아냈다. 정사각뿔대의 공식에서 윗면의 한 변의 길이가 0이 되면 ($b = 0$이면) 정사각뿔의 부피 공식

$$\frac{1}{3}ha^2$$

이 나온다.

이집트 사람들은 먼저 밑면의 넓이가 S이고 높이가 h인 각뿔의 부피 공식을 찾았다.

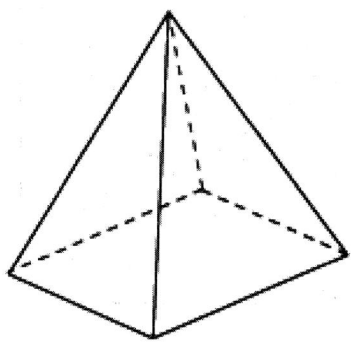

다음과 같이 한 변의 길이가 a인 정육면체를 생각해 보자.

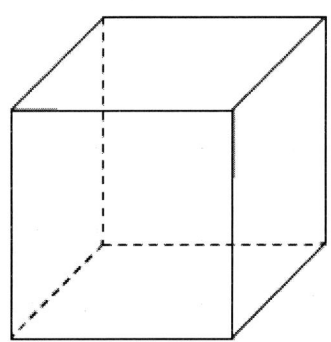

정육면체의 부피는 a^3이다. 이제 정육면체의 중심과 8개의 꼭지점을 연결하면 다음 그림과 같이 된다.

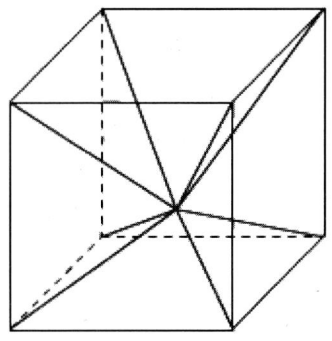

이때 똑같은 모양의 여섯 개의 사각뿔이 만들어진다. 가장 아래쪽에 있는 사각뿔만 떼어내면 다음 그림과 같다.

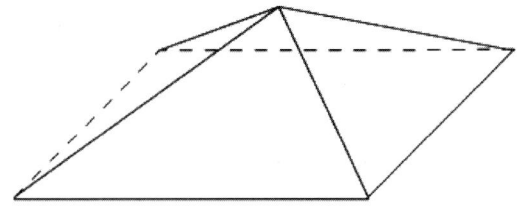

이 사각뿔의 높이를 h라고 하면 $h = \dfrac{a}{2}$이다. 밑면의 넓이는 정사각형의 넓이인 a^2이다. 정육면체의 부피는 사각뿔의 부피의 6배이니까 사각뿔의 부피를 V라고 하면

$$a^3 = 6 \times V$$

가 되고,

$$V = \frac{1}{6} \times a^3$$

이 된다. 이 식은

$$V = \frac{1}{3} \times a^2 \times \frac{1}{2}a$$

라고 쓸 수 있고, a^2은 밑면의 넓이 S이고 $\frac{1}{2}a = h$이니까

$$V = \frac{1}{3} \times S \times h$$

가 된다.

이집트 사람들은 정사각뿔대를 옆에서 본 그림을 생각했다.

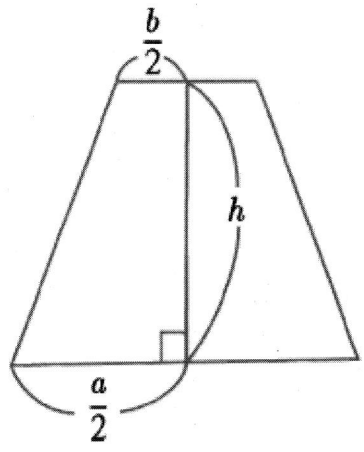

정사각뿔대는 정사각뿔을 자른 것이므로 정사각뿔을 옆에서 보면 다음과 같다.

그러므로 정사각뿔대의 부피는 높이가 $h+h_2$이고 밑면의 넓이가 a^2인 정사각뿔의 부피에서 높이가 h_2이고 밑면의 넓이가 b^2인 정사각뿔의 부피를 빼면 된다. 그러므로 정사각뿔대의 부피 V는

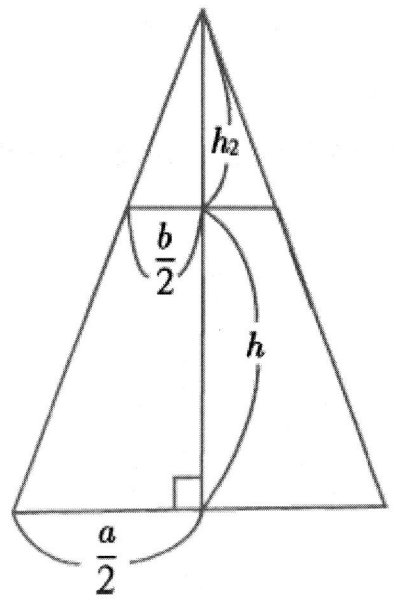

$$V = \frac{1}{3}(h+h_2)a^2 - \frac{1}{3}h_2 b^2 \quad (1\text{-}5\text{-}1)$$

이 된다.

이집트 사람들은 h_2를 구하기 위해 삼각형의 닮음의 성질을 이용했다.

앞의 그림에서 작은 직각삼각형과 큰 직각삼각형은 닮음이므로

$$h_2 : h_2 + h = \frac{b}{2} : \frac{a}{2}$$

가 된다. 이 식을 풀면

$$h_2 = \frac{bh}{a-b} \quad \text{(1-5-2)}$$

가 된다. 식(1-5-2)를 식(1-5-1)에 넣으면

$$V = \frac{h}{3(a-b)}(a^3 - b^3)$$

이 된다. 인수분해 공식

$$a^3 - b^3 = (a-b)(a^2 + ab + b^2)$$

을 이용하면,

$$V = \frac{1}{3}h(a^2 + ab + b^2)$$

이 된다.

제2장

메소포타미아 문명의 수학

2-1 메소포타미아 숫자

이번에는 메소포타미아 문명의 수학이야기를 해보자. 고대 이집트 문명의 수와 더불어 고대 메소포타미아 문명의 수 체계 역시 역사적으로 유명하다. 메소포타미아 문명을 종종 바빌로니아 문명이라고 하고 있지만 엄밀히 말하면 이는 틀린 말이다. 기원전 2000년 경부터 기원전 600년 경까지 메소포타미아 지역을 바빌로니아로 불렀기 때문에 메소포타미아 문명을 흔히 바빌로니아 문명이라고 부르기도 하는데, 우리는 메소포타미아 문명이라는 이름을 사용하려고 한다.

메소포타미아는 중동의 유프라테스 강과 티그리스 강의 주변 지역(현재의 이라크)을 말한다. 메소포타미아는 두 강이 자연적으로 가져다 주는 비옥한 토지로 인하여 기원전 약 6000년 구석기 시대에 인간이 정착·주거하기 시작한 이래 점차 인류 고대 문명의 발상지의 하나로 발전했다.

어원은 고대 그리스어 'Μεσοποταμια'에서 온 말로서 '메소'(Μεσο)는 중간이라는 뜻을, '포타'(ποτα)는 강이라는 뜻을 '미아'(μια)는 도시를 의미하는 뜻을 가지고 있어 '두 강 사이에 있는 도시'라는 뜻이 된다.

메소포타미아 문명은 개방적인 지리적 요건 때문에 외부와의 교섭이 빈번하여 정치·문화적 색채가 복잡했다. 폐쇄적인 이집트 문명과는 달리 두 강 유역은 항상 이민족의 침입이 잦았고, 국가의 흥망과 민족의 교체가 극심하였기 때문에 이 지역에 전개된 문화는 개방적이고 능동적이었다.

기원전 34세기경부터 사용된 것으로 알려진 메소포타미아 문명의 수 체계는 놀랍게도 60진법을 사용했다. 일반적인 p진법에 대해 알아보자. p진법에서는 수를 나타낼 때 자리가 하나씩 올라감에 따라 자리의 값이 p배씩 커지게 수를 표시한다. p진법의 수의 각 자릿수는 다음과 같다.

$$0, 1, 2, 3, \cdots, p-1$$

예를 들어 p진법의 수 $324_{(p)}$를 보자. 여기서 3은 p^2의 자리, 2는 p의 자리, 4는 일의 자리이고 이때 $p^2, p, 1$이 각 자리의 값이다. 그러므로 한 자리 올라갈 때마다 자리의 값이 p배가 되는 것을 알 수 있다. 그러므로 $324_{(p)}$는 다음과 같다.

$$324_{(p)} = 3 \times p^2 + 2 \times p + 4$$

이것을 p진법의 전개식이라고 부른다. 60진법은 $p = 60$을 넣으면 된다.

메소포타미아는 파피루스가 부족한 대신 진흙이 풍부해 바늘로 부드러운 점토에 수를 새기는 쐐기문자를 사용했다.

메소포타미아의 쐐기 문자

메소포타미아 사람들은 1을 나타내는 기호와 10을 나타내는 기호를 이용하여 1부터 59까지의 수를 나타냈다.

▽	1	▽▽	2	▽▽▽	3	▽▽▽▽	4
▽▽	5	▽▽▽	6	▽▽▽	7	▽▽▽▽	8
▽▽▽	9	◁	10	◁▽	11	◁▽▽	12
◁▽▽▽	13	◁▽▽▽	14	◁▽▽▽	15	◁▽▽▽▽	16
◁▽▽	17	◁▽▽▽	18	◁▽▽▽	19	◁◁	20
◁◁◁	30	◁◁◁◁	40	◁◁◁◁◁	50	▽	60

메소포타미아 사람들이 60진법을 사용한 이유는 60이 1, 2, 3, 4, 5, 6, 10, 12, 15, 20, 30, 60과 같이 여러 자연수로 나눠떨어지는 수이기 때문이다. 또한 메소포타미아 사람들은 한 바퀴가 360도로 정의했는데 이 역시 60의 배수이기 때문에 60진법을 사용하면 편리한 점이 많았다. 또한 그들은 1년을 360일로 그리고 1년을 12로 나눈 것을 한 달로 정의했는데 이때 등장하는 360과 12는 모두 60진법으로 다룰 때 편리한 수가 된다.

60진법을 사용하기 때문에 60을 나타내는 기호는 1을 나타내는 기호와 같다. 메소포타미아 사람들이 60 이상의 수를 나타낸 방식은 다음과 같다.

메소포타미아 수	60진법표시	십진법표시
𒐕𒌋𒐚	1,15	75
𒐕𒐏	1,40	100
𒌋𒌋𒐚𒐏𒐚	16,43	1003
𒐏𒐕𒌋𒌋𒐚𒐏	44,26,40	160000
𒐕𒐏𒐚𒐏𒐕𒌋	1,24,51,10	305470

즉, 𒐕𒌋𒐚 는 60의 자리수가 𒐕(1)이고 1의 자리수가 𒌋𒐚(15)이므로 이 수는

$$1 \times 60 + 15 = 75$$

가 된다. 또한, 𒐏𒐕𒌋𒌋𒐚𒐏 은 60^2의 자리수가 𒐏𒐕(44)이고 60의 자리수가 𒌋𒌋𒐚(26)이고 일의 자리수가 𒐏(40)이므로 이 수는

$$44 \times 60^2 + 26 \times 60 + 40 = 160000$$

이 된다.

메소포타미아 사람들도 분수를 사용했다. 메소포타미아 사람들은 $\frac{1}{2}, \frac{1}{3}, \frac{2}{3}, \frac{5}{6}$ 을 다음과 같이 나타냈다.

𒌋	$\frac{1}{2}$
𒐬	$\frac{1}{3}$
𒐭	$\frac{2}{3}$
𒐮	$\frac{5}{6}$

2-2 메소포타미아의 소수

소수는 1보다 작은 수를 나타낼 때 유용하다. 우리는 십진법으로 소수를 전개하는 방법을 잘 알고 있어. 예를 들어 0.23은

$$2 \times \frac{1}{10} + 3 \times \frac{1}{10^2}$$

과 같이 쓸 수 있는데, 이것은 0.23의 십진법 전개식이라고 부른다. 60진법을 사용한 메소포타미아 사람들은 60진법의 소수를 나타내는 방법을 알고 있었다. 그들은

$$2 \times \frac{1}{60} + 3 \times \frac{1}{60^2}$$

을 ;2,3이라고 썼다. 여기서 ;는 소숫점을 나타낸다고 생각하면 된다. 그러므로 메소포타미아의 수 4, 28; 59, 3은

$$4 \times 60 + 28 \times 1 + 59 \times \frac{1}{60} + 3 \times \frac{1}{60^2}$$

이 된다.

예일 대학교에 보관된 메소포타미아 소장품에는 다음과 같은 수들이 나열되어 있다.

$$
\begin{array}{cc}
2 & 30 \\
3 & 20 \\
4 & 15 \\
5 & 12 \\
6 & 10 \\
8 & 7,30 \\
10 & 6 \\
12 & 5
\end{array}
$$

이 표는 역수에 관한 표이다. 예를 들어 2의 역수 $\frac{1}{2}$은 60진법으로 쓰면

$$\frac{1}{2} = 30 \times \frac{1}{60}$$

이 되어, 소수 첫째 자리수가 30이 된다는 것을 의미한다.

즉, 2의 역수는 30이다. 또 다른 예로

8의 역수 $\frac{1}{8}$은 60진법으로

$$\frac{1}{8} = 7 \times \frac{1}{60} + 30 \times \frac{1}{60^2}$$

이 되므로 8의 역수는 ;7, 30이 된다.

메소포타이마 사람들은 유한소수뿐 아니라 무한소수의 근사값을 소수로 나타내는 방법을 알아냈다. 예를 들어, 그들은

$$\frac{1}{59} \fallingdotseq ;1,1,1$$

$$\frac{1}{61} \fallingdotseq ;0,59,0,59$$

이라고 썼다. ;1,1,1은

$$\frac{1}{60} + \frac{1}{60^2} + \frac{1}{60^3}$$

으로 소숫점 일곱째 자리에서 반올림하면 0.016949가 되고, $\frac{1}{59}$ 도 소숫점 일곱째 자리에서 반올림하면 0.016949가 되어 상당히 좋은 근사값이라는 것을 알 수 있다.

2-3 $\sqrt{2}$의 발견

메소포타미아 사람들은 제곱수에 대한 많은 연구를 했다. 그들은 다음과 같은 제곱수들을 정리했다.

$$1의\ 제곱 = 1$$
$$2의\ 제곱 = 4$$
$$3의\ 제곱 = 9$$
$$4의\ 제곱 = 16$$
$$5의\ 제곱 = 25$$
$$6의\ 제곱 = 36$$
$$7의\ 제곱 = 49$$
$$8의\ 제곱 = 1,\ 4$$
$$9의\ 제곱 = 1,\ 21$$
$$10의\ 제곱 = 1,\ 40$$

메소포타미아 사람들은 제곱해서 2가 되는 수를 찾는 시도를 했다. 제곱해서 2가 되는 양수를 $\sqrt{2}$ 라고 쓰고 '루트 2'라고 읽는다. 메소포타미아 사람들은 한 변의 길이가 1인 정사각형의 대각선의 길이가 $\sqrt{2}$ 임을 알고 있었다. 그들은 피타고라스보다 훨씬 오래전에 피타고라스 정리를 알고 있었는데 그들은 제곱을 해서 2가 되는 수를 찾기 위해 다음과 같이 시도했다. 이제 그들이 $\sqrt{2}$ 의 근사값을 어떻게 찾았는지 알아보자.

1의 제곱은 1이고 2의 제곱은 4이다. 그러므로 $\sqrt{2}$는 1과 2사이의 수이다. 그들은 1과 2의 평균인 $\frac{3}{2}=1.5$를 생각했다. 만일 1.5가 $\sqrt{2}$라면 2를 1.5로 나눈 값이 1.5가 되어야 한다. 하지만 2를 1.5로 나누면 $\frac{4}{3}=1.333\cdots$이 된다. 그러므로 $\sqrt{2}$는 1과 1.5 사이의 수가 되어야 한다. 이번에는 $\frac{4}{3}$과 $\frac{3}{2}$의 평균인 $\frac{17}{12}$를 새로운 $\sqrt{2}$의 후보로 택한다. $\frac{17}{12}$가 $\sqrt{2}$이라면 2를 $\frac{17}{12}$로 나누면 다시 $\frac{17}{12}$가 되어야 한다. 그러나 실제로 2를 $\frac{17}{12}$로 나누면 $\frac{24}{17}=1.41176\cdots$이 된다. 그러므로 $\sqrt{2}$는 $\frac{24}{17}$과 $\frac{17}{12}$ 사이의 수이어야 한다. 이런 식으로 하여 바빌로니아 사람들은 $\sqrt{2}$의 근삿값을 분수로 나타낼 수 있었다. 그들이 찾아낸 $\sqrt{2}$의 근사값을 분수로 나타내면

$$1+\frac{24}{60}+\frac{51}{60^2}+\frac{10}{60^3}+\cdots=1.41421296296\cdots$$

이다.

점토판에 새겨진 $\sqrt{2}$의 근삿값

사진은 바빌로니아의 점토판에 새겨진 $\sqrt{2}$ 의 근삿값이다. 그들은 60진법을 사용했으므로 한 변의 길이가 1인 정사각형의 대각선에 1, 24, 51, 10이 바빌로니아숫자로 표현되어 있다.

메소포타미아 사람들은 또한 세 변의 길이가 3, 4, 5이거나 5, 12, 13일 때 직각삼각형이 된다는 것을 알고 있었다. 즉 그들은 피타고라스 정리를 알고 있었다.

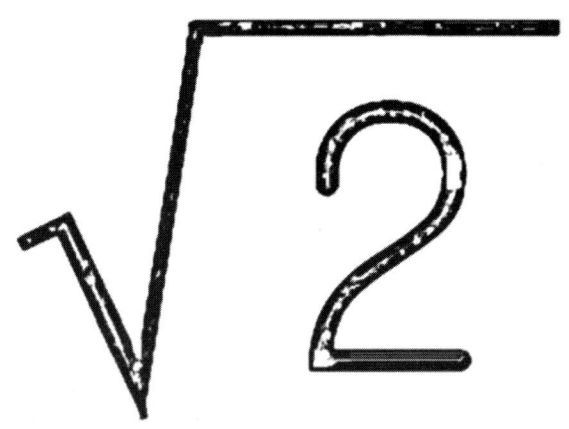

2-4 이차 방정식의 해법 발견

이집트 사람들이 일차방정식의 해법을 발견했지만 메소포타미아 사람들은 일차방정식은 너무 쉬운 문제이므로 이차 방정식의 해법찾기에 주력했다. 그들은 이차방정식 문제를 풀기 위해, 여러 가지 인수분해공식을 발견했다. 그들은

$$(a-b)^2 + 4ab = (a+b)^2$$

과 같은 변형공식들을 많이 알고 있었다.

메소포타미아 사람들은 제곱근에 대한 표를 만들었다. 그들은 제곱근을 다룰 줄 알았기 때문에 2차 방정식을 풀 수 있었다. 다음과 같은 이차방정식

$$ax^2 + bx + c = 0 \quad (a \neq 0) \quad (2\text{-}4\text{-}1)$$

의 해는

$$x = \frac{-b \pm \sqrt{b^2 - 4ac}}{2a}$$

이다.

이제 메소포타니아 사람들이 발견한 이차방정식의 해법에 대해 알아보자.

그들은 식(2-4-1)을 a로 나누면,

$$x^2 + \frac{b}{a}x + \frac{c}{a} = 0 \quad (2\text{-}4\text{-}2)$$

이 되는데, 여기서

$$\frac{b}{a} = p, \quad \frac{c}{a} = q$$

라고 두면, 식(2-4-2)는

$$x^2 + px + q = 0$$

가 된다. 메소포타미아 사람들은 이 식이

$$x + y = -p \quad (2\text{-}4\text{-}3)$$
$$xy = q \quad (2\text{-}4\text{-}4)$$

인 연립방정식의 해와 같다는 것을 알아냈다.

메소포타미아 사람들은

$$\left(\frac{x+y}{2}\right)^2 - xy = \left(\frac{x-y}{2}\right)^2$$

라는 식을 이용해

$$\left(\frac{x-y}{2}\right)^2 = \frac{p^2}{4} - q$$

를 구했다. 그들은 $x > y$라고 가정하고 제곱근을 이용해,

$$\frac{x-y}{2} = \sqrt{\frac{p^2}{4} - q}$$

또는

$$x - y = \sqrt{p^2 - 4q} \quad \text{(2-4-5)}$$

를 얻었다. 식(2-4-3)과 식(2-4-4)로부터 그들은

$$x = \frac{-p + \sqrt{p^2 - 4q}}{2}$$

$$y = \frac{-p - \sqrt{p^2 - 4q}}{2}$$

을 얻었다.

제3장
최초의 수학자 탈레스

3-1 최초의 수학자이자 과학자인 탈레스

역사적으로 최초의 수학자는 고대 그리스의 탈레스이다.

Thales of Miletus BC 624 (?) – BC 548 (?), 그리스

　탈레스는 고대 그리스의 밀레투스(현재의 튀르키예 남서부의 도시)에서 태어났다. 탈레스의 어린 시절이나 청년시절에 대해서는 거의 알려진 것이 없다.

　하지만 탈레스에게는 재미있는 일화들이 많이 전해져 내려온다. 물론 그 일화들은 사실일 수도 있고 아닐 수도 있지만.

　탈레스는 젊었을 때 날씨에 대해 관심이 많았다. 어느 해 그는 올리브가 대풍작이 될 거라는 예상을 했다. 올리브에서 기름을 짜기 위해서는 착유기라는 기계가 필요한데 그 해 그는 모든 착유기를 빌려놓았다. 그의 예언대로 그 해 올리브는 대풍작이었고 많은 상인들이 올리브 기름을 만들기 위해 착유기를 구하려고 했지만 모든 착유기를 탈레스가 빌려놓은 상태여서 상인들은 비싼 돈으로 탈레스에게 착유기를 빌려야만 했다. 탈레스는 착유기사업으로 큰 돈을 벌었다.

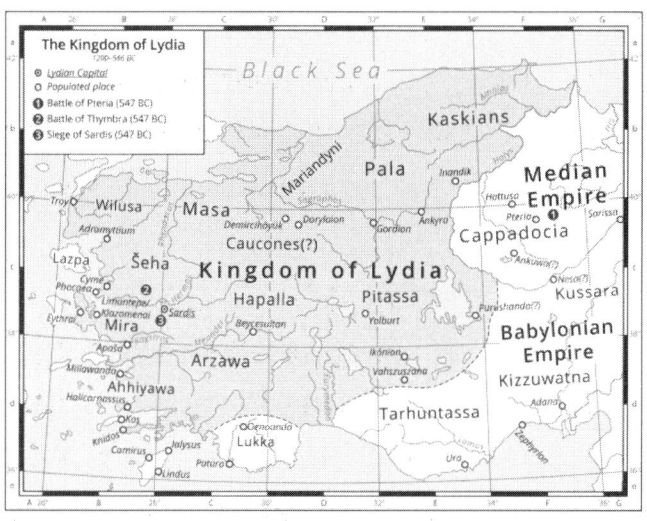

또 다른 일화는 전쟁을 멈추게 한 일화이다. 기원전 585년 리디아와 메디아는 오랜 전쟁을 치르고 있었다.

리디아는 현재의 튀르키예 서부이고 메디아는 튀르키예 동부이다. 백성들은 오랜 전쟁으로 지쳐있었다. 탈레스는 불쌍한 백성들을 보고 이 전쟁이 끝나게 하고 싶었다. 그리고는 태양과 달의 운동을 조사했다. 그리고 태양과 지구 사이에 달이 들어와 태양이 가려질 때 일식이 일어난다는 것을 알게 되었다. 그는 과거에 일식이 일어났던 기록들을 살펴보았다. 그리고 그 해 5월 28일에도 일식을 일어난다는 것을 알아냈다. 탈레스는 두 나라의 왕에게 전쟁을 멈추지 않으면 금년 5월 28일에 대낮에도 밤처럼 어두워질 것이라고 말하면서 전쟁이 끝나기를 기다렸다. 하지만 리디아와 메디아의 왕은 탈레스의 예언을 믿으려 하지 않았다. 드디어 5월 28일, 두 나라는 여전히 전쟁 중이었는데 갑자기 하늘이 어두워지더니 이내 곧 태양이 사라졌다. 탈레스의 예언대로 일식이 일어난

것이었다. 전쟁을 하던 군인들은 두려움에 떨었다. 이 사건으로 두 나라의 왕은 탈레스의 예언을 믿었고 전쟁을 계속하면 신의 노여움을 살 거라고 생각하게 되어 전쟁을 멈추었다. 그래서 탈레스의 소원대로 전쟁은 끝이 나고 두 나라의 백성들은 오랜 전쟁으로부터 벗어날 수 있게 되었다.

탈레스는 최초의 수학자이자 과학자이다. 탈레스는 고대 그리스의 7명의 현인 중의 한 사람으로 수학과 과학에서 많은 업적을 남겼다. 기원전 590년경, 탈레스는 이오니아 철학 학교를 세워 철학, 수학, 천문학을 가르쳤다. 그는 학생들에게 이집트의 수학과 메소포타미아의 수학을 가르쳤다. 이오니아는 에게해와 면한 아나톨리아(현재 튀르키예의 아시아 부분)의 서남부를 이르는 고대의 지명을 말한다.

탈레스는 또한 모든 사물은 어떤 기본원소로 이루어져 있다고 주장했고, 기본원소는 물이라고 생각했다. 그는 사람이나 동식물이 살아가는 데 가장 필수적인 물질이 뭔가를 찾는 과정에서 물이 가장 기본이 되는 원소이어야 한다고 생각했다.

3-2 수학의 역사에서 탈레스의 정리들

이제 탈레스의 수학에서의 업적에 대해 알아보자. 탈레스는 수학에서 아주 중요한 몇 가지 성질을 알아냈다.

1. 지름은 원을 이등분한다.

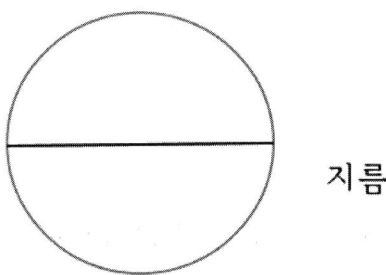

2. 이등변삼각형의 두 밑각은 같다.

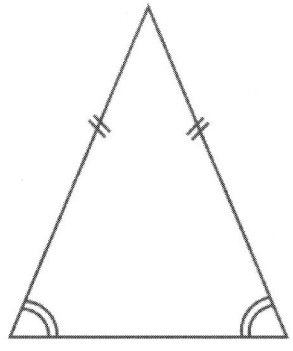

3. 맞꼭지각은 같다.

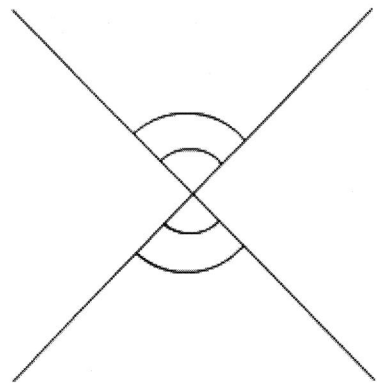

4. 반원에 내접하는 삼각형은 직각삼각형이다.

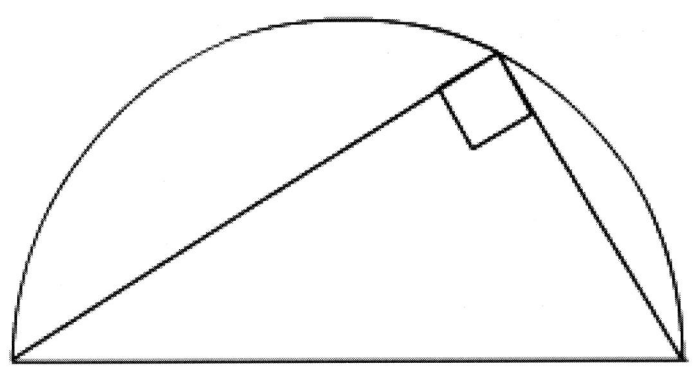

5. 어떤 두 삼각형에 대해, 두 각과 그 사이에 있는 변의 길이가 같으면 두 삼각형은 합동이다.

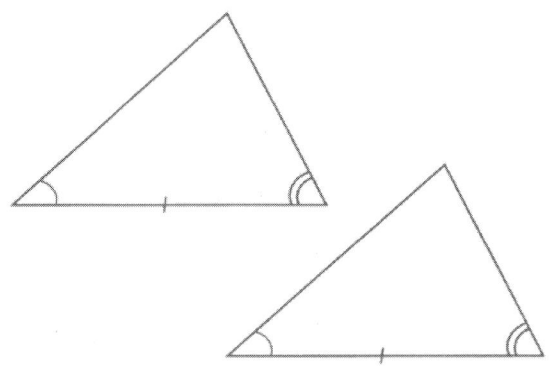

 탈레스가 이 다섯 가지 수학문제를 다루었다는 기록은 남아있지 않다. 탈레스 사후 1000년 뒤 에우데우스가 쓴 <수학사>라는 책에 탈레스의 이러한 수학 연구내용이 담겨있다고 하는데 이 책도 전해져 내려오지 않는다. 하지만 서기 5세기에 플로클로스가 쓴 <에우클리드 원론 제1권의 주석>에 탈레스의 수학적인 업적을 기록함으로써 탈레스의 업적이 알려지게 되었다.

합동이란 두 도형이 완전히 포개어진다는 얘기이다. 즉 두 삼각형이 합동이면 두 삼각형은 완전히 똑같다. 그러므로 서로 대응하는 변의 길이도 같고 대응하는 각의 크기도 같다. 다음 그림을 보자.

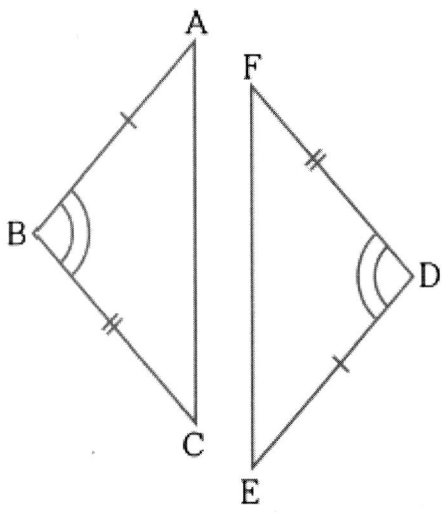

두 삼각형은 합동이다. 이때 변 AB와 대응하는 변은 변 DE이다. 그러므로 변 AB의 길이와 변 DE의 길이가 같다. 변의 길이가 같은 것끼리 써보면 다음과 같다.

변 AB의 길이 = 변 DE의 길이
변 AC의 길이 = 변 EF의 길이
변 BC의 길이 = 변 DF의 길이

마찬가지로 서로 대응하는 각의 크기가 같으니까 다음과 같다.

$$\angle A = \angle E$$
$$\angle B = \angle D$$
$$\angle C = \angle F$$

탈레스가 발견한 3번 성질을 증명해보자. 다음 그림을 보자.

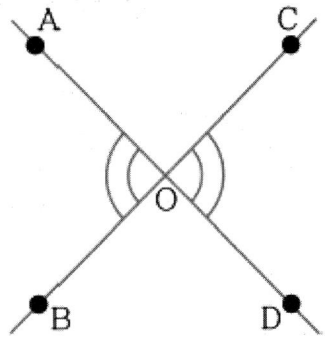

∠AOB 와 ∠COD는 서로 마주보고 있지? 이런 두 각을 맞꼭지각이라고 부른다. 왜 맞꼭지각이 같은지 증명해 보자. ∠AOC 의 크기를 a 라고 하면 ∠AOB와 ∠AOC를 더하면 180°이다.

$$\angle AOB + a = 180° \qquad (3-2-1)$$

마찬가지로 ∠AOC 와 ∠COD 를 더해도 180°이다.

$$a + \angle COD = 180° \quad (3-2-2)$$

(3-2-1)과 (3-2-2)를 비교하면

$$\angle AOB = \angle COD$$

가 되니까 맞꼭지각은 항상 같다.

이번에는 4번 성질을 증명해보자. 다음 그림과 같이 놓자.

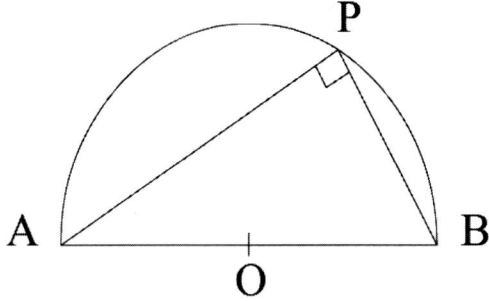

원의 중심 O와 P를 연결하고, ∠PAO 를 a, ∠PBO 를 b라고 하자.

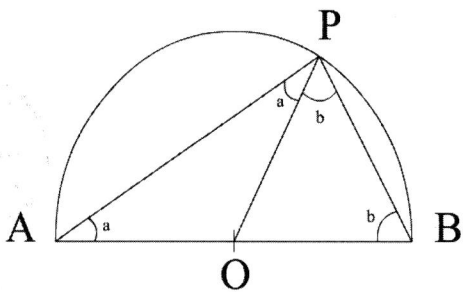

여기서 AO, OP, OB는 반지름이니까 길이가 같다. 삼각형 OPA는 $\overline{OA}=\overline{OP}$ 이니까 이등변 삼각형이다. 따라서 두 밑각은 같으니까 ∠OPA 역시 a이다. 마찬가지로 삼각형 OBP도 이등변 삼각형이니까 ∠OPB도 b이다. 그러므로

$$\angle APB = a+b \qquad (3-2-3)$$

이다. 삼각형 내각의 합은 180° 이니까

$$\angle AOP = 180° - 2a \qquad (3-2-4)$$
$$\angle POB = 180° - 2b \qquad (3-2-5)$$

이고

$$\angle AOP + \angle POB = 180°$$

이니까 (3-2-4)와 (3-2-5)를 변끼리 더하면

$$180° = 360° - 2a - 2b$$

가 된다. 이 식에서

$$2a + 2b = 180°$$

가 되고 양변을 2로 나누면

$$a + b = 90°$$

가 된다. 이것과 (3-2-3)을 비교하면

$$\angle APB = 90°$$

가 된다.

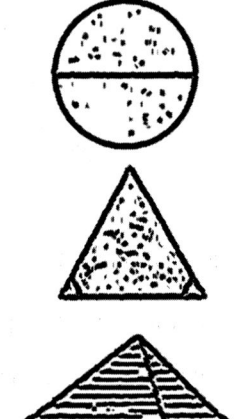

3-3 피라밋의 높이를 재다

탈레스가 이집트를 여행할 때 이집트의 왕은 탈레스에게 피라밋의 높이를 구해줄 것을 요청했다. 탈레스는 이 문제를 고민하다가 시간에 따라 피라미드의 그림자가 달라진다는 것을 발견했다.

탈레스는 피라미드 근처에 막대기를 세우면 막대기의 높이와 막대기의 그림자의 비가 피라미드의 높이와 피라미드의 그림자의 비와 같을 거라 생각했다.

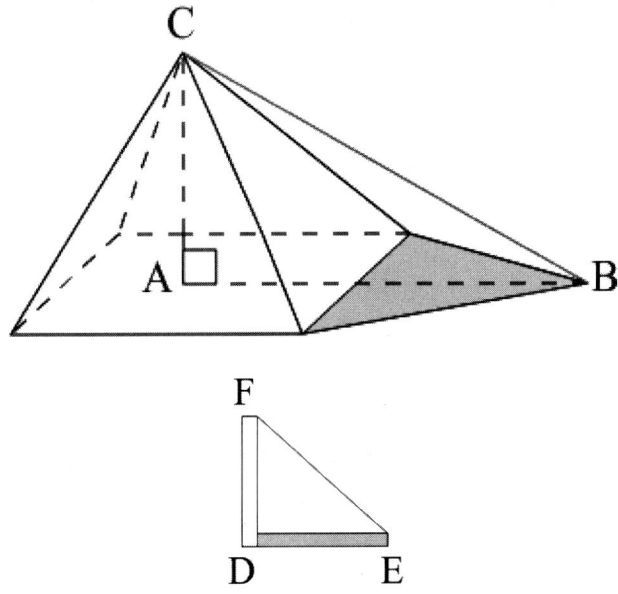

위 그림에서 피라밋의 높이는 AC이고 AB는 피라미드의 그림자 길이이고 DF는 막대기의 길이이고 DE는 막대기의 그림자의 길이이다. 이때 삼각형 ABC와 삼각형 DEF는 닮음 관계에 있기 때문에 다음과 같이 닮음비를 쓸 수 있다.

$$AC : AB = DF : DE$$

탈레스는 AB, DF, DE를 측정할 수 있으므로 위 비례식으로부터 피라미드의 높이를 구해낼 수 있었다.

3-4 배까지의 거리를 재다

 탈레스가 삼각형의 닮음을 이용해 알아낸 또 다른 일화가 있다. 탈레스는 여행을 다니면서 많은 사람들에게 수학적인 지혜를 보여주었다. 어느 날 그는 바다 위의 배에서 해안가까지의 거리를 궁금해하는 상인들과 항해사를 만나게 되었다. 탈레스는 삼각형의 닮음을 이용해 이 문제를 해결해주었다.

 탈레스가 배에서 해안가까지의 거리를 구한 방법을 알아보자. 해안가의 두 점 A, B에서 배를 연결하는 선분을 각각 긋고, 점 A에서 배와 연결한 선분에 수직인 직선을 그려보자. 이 새로운 직선에 수직이면서 점B를 지나는 직선을 그린 후 두 직선의 교점을 C라고 하자. 선분 AC와 점B와 배를 연결한 선분이 만나는 점을 D라고 하자. 이때 배가 있는 곳의 위치를 점 E라고 하면 다음 그림과 같다.

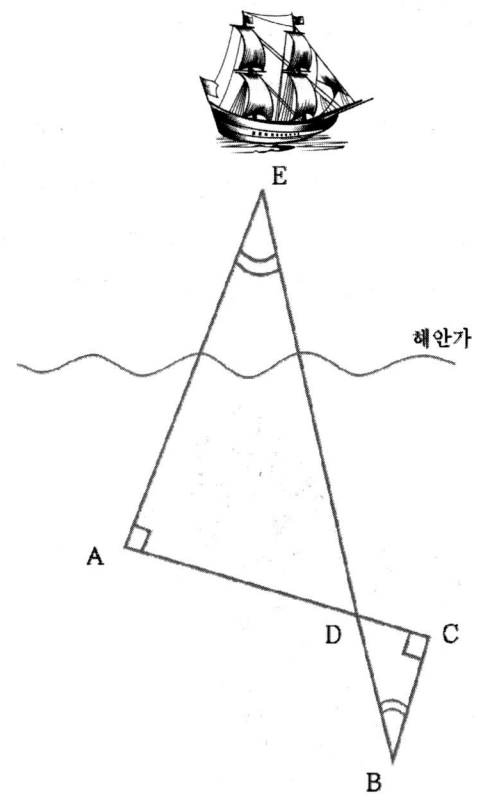

탈레스는 이 그림에서 삼각형 DEA와 삼각형 DBC가 닮음이므로

$$AE : AD = BC : CD$$

가 성립한다는 것을 알아냈다. 이 중 AD, BC, CD는 측정이 가능하므로 비례식으로부터 배에서 해안가의 한 점 A까지의 거리인 AE를 구할 수 있었다.

제4장
피타고라스의 등장

4-1 피타고라스

이제 고대 그리스의 위대한 수학자 피타고라스의 이야기를 시작하자.

Pythagoras of Samos 기원전 570 - 기원전 495 고대 그리스

피타고라스는 사모스 섬이라 부르는 아름다운 섬에서 태어났다. 피타고라스가 정확히 언제 태어났고 언제 죽었는지는 알려져 있지 않지만 대략 기원전 570년 전후에 태어난 것으로 추정된다. 피타고라스가 태어난 시기에 그리스는 수많은 식민지를 거느리고 있었다. 사모스 섬 역시 그리스의 식민지 중 하나였다. 에게 해에 있는 사모스 섬은 무역이 번창하고 학문과 문화가 발달한 항구도시였다.

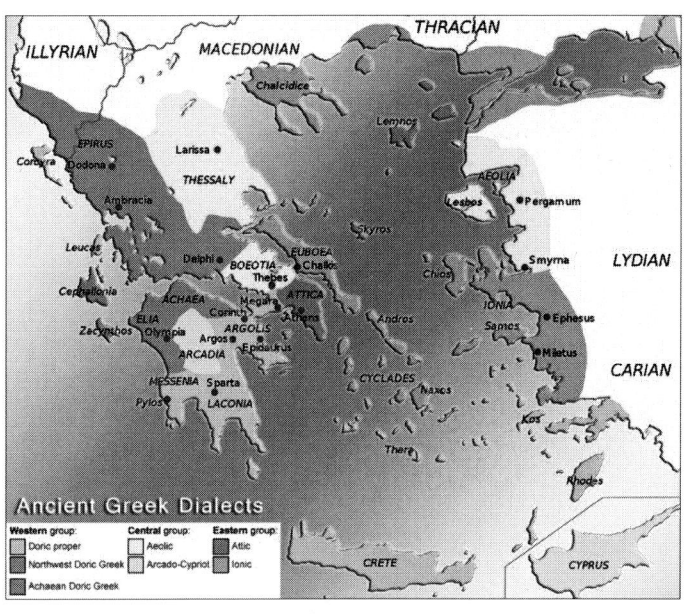

피타고라스의 아버지는 상인이었다. 어릴 때부터 수학에 천부적인 소질을 보였던 피타고라스는 탈레스로부터 수학과 천문학을 배웠고 20살이 되던 해에는 이집트의 멤피스로 가서 수학과 철학과 천문학에 심취했다.

피타고라스는 수학을 가르치기 위해 다시 고향 사모스로 돌아왔지만 별로 유명하지 않았던 피타고라스에게 수학을 배우려는 사람이 없자 그는 길거리의 거지 아이에게 자신의 돈을 주면서 자신에게 수학을 배우게 했다. 더 이상 거지 아이에게 줄 돈이 없어 더 이상을 수업을 할 수 없게 되자 거지 아이는 피타고라스에게 수업료를 내고 수학을 배웠다. 이것이 피타고라스가 수업료를 받고 가르친 최초의 수학 수업이다.

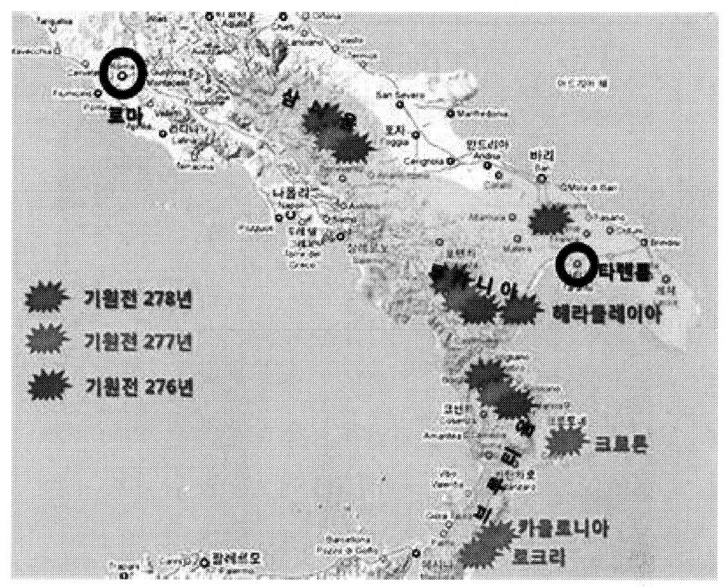

사모스에서 수학을 가르치는 것이 여의치 않자 피타고라스는 당시 그리스의 식민지인 크로톤(현재는 이탈리아의 도시)으로 가서 기원전 529년 학교를 세웠다.

피타고라스의 학교에는 그를 추종하는 사람들이 모여들어 피타고라스 학파가 만들어졌다. 피타고라스학파에서 발견된 것은 모두 피타고라스의 이름으로 일컬어지고, 발견된 내용을 학파 사람들이 아닌 다른 사람들에게 알리는 것은 엄격히 금지되었다.

기초를 강조했던 피타고라스는 모여든 추종자들에게 처음부터 수학을 가르쳐 주지 않고 마음을 깨끗이 하는 법과 철학을 가르쳤다. 피타고라스는 수학이 인간과 신을 연결하는 학문이기 때문에 몸과 마음을 깨끗이 하고 사치스럽게 살지 않는 등 올바른 철학 정신을 지니지 않고 섣불리

수학을 공부하면 미쳐 버릴 수 있다고 경고했다.

　제자들이 피타고라스에게 수학을 배우기 위해서는 오랜 시간 동안 경건한 마음으로 금욕생활을 해야 했다. 충분한 경지에 오르게 된 제자는 염원하던 수학을 배울 수 있게 되는 데 이들을 마테마테코이라고 불렀다. 이것은 '수학을 공부하는 학생'이라는 뜻이다.

　당시 사람들이 왜 피타고라스에게 수학을 배우려고 했는지 알려주는 재미있는 일화가 있다. 어느 날 피타고라스는 똑같은 크기의 빵 9개를 두고 10명의 사람들이 다투는 모습을 보았다. 각자 하나씩 빵을 가지면 한 사람이 빵을 먹지 못하기 때문이었다. 피타고라스는 빵 아홉 개의 무게를 잰 다음 전체의 10분의 1씩 되도록 빵을 잘라서 열 명의 사람들에게 나누어 주었다. 사람들은 똑같은 양의 빵을 먹을 수 있게 되었고 피타고라스의 지혜에 감탄을 했다.

　이때부터 많은 사람들이 피타고라스로부터 수학을 배우기 위해 피타고라스의 학교로 몰려들었다.

　피타고라스는 만물의 근원을 '수'로 보았다. 피타고라스는 수로부터 모든 모습과 생각이 나오고 선과 악도 수로 묘사될 수 있다고 믿었다. 당시에는 0이 없었기 때문에 피타고라스는 1부터 시작되는 자연수와 자연수의 비로 주어지는 분수를 주로 연구했다. 피타고라스는 자연수와 분수로 이 세상 모든 것을 나타낼 수 있다고 믿었다. 또한 자연수를 홀수와 짝수로 처음 분류한 것도 피타고라스이다. 그는 짝수는 2로 나누어 떨어지는 수로, 홀수는 그렇지 않는 수로 나타냈다.

피타고라스는 각각의 수에 개별적인 의미를 부여했다. 모든 수는 1을 더하여 만들 수 있으므로 1은 수의 근원이며 이성을 상징하는 것으로 생각했다. 첫 번째 짝수 2는 여성을 상징하고 3은 남성을 상징하면서 동시에 1과 2의 합이므로 조화의 수로 여겼다. 4는 정의를 상징하고 5는 2와 3의 합이므로 결혼을 상징한다고 생각했다. 6은 1과 2와 3을 더한 수인데 피타고라스는 이것이 창조를 상징한다고 여겼다. 피타고라스가 생각한 가장 신성한 수는 10인데 10은 1과 2와 3과 4의 합으로 나타낼 수 있기 때문이었다.

4-2 도형수의 발견

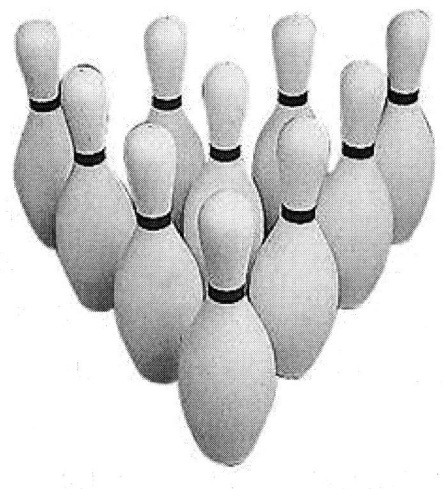

이제 피타고라스가 발견한 아름다운 도형수에 대한 이야기를 해보자. 볼링핀 10개가 앞줄에는 한 개, 둘째 줄에는 두 개, 셋째 줄에는 세 개, 넷째 줄에는 네 개 이렇게 서 있는 것을 위에서 내려다보면 정삼각형이 된다. 이렇게 도형을 이루는 수를 '도형수'라고 부른다.

피타고라스는 수와 도형과의 관계를 매우 중요하게 여겼다. 예를 들어 다음 수들을 보자.

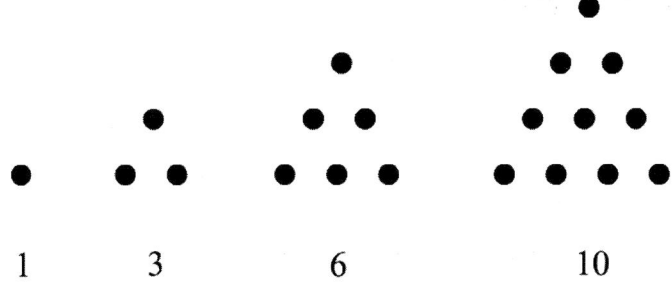

이 수들은 삼각형 모양을 만들 때 사용되는 점의 개수인데 피타고라스는 이 수들을 '삼각수'(triangle number)라고 불렀다. 피타고라스는 이중 네 번째 삼각수를 '테트라드'(tetrad)라고 불렀다. 즉 처음 네 개의 삼각수는 1, 3, 6, 10이 된다. 일반적으로는 삼각수는 다음과 같다.

1, 3, 6, 10, 15, 21, 28, 36, 45, 55, 66, 78, 91, 105, 120, 136, 153, 171, 190, 210, 231, 253, 276, 300, 325, 351, 378, 406, 435, 465, 496, 528, 561, 595, 630, 666 …

수들이 어떤 규칙에 따라 배열되어있는 것을 '수열'이라고 말하고,

$a_1, a_2, a_3, …$

으로 나타낸다. 수열을 이루는 각각의 수를 '항'이라고 부른다. a_1을 첫째 항, a_2를 둘째 항이라고 말한다. 즉, n번 째 항을 a_n이라고 하는데 이것을 '수열의 일반항'이라고 부른다. 피타고라스의 삼각수는 수열을 이루는데

이 수열을 '삼각수열'이라고 부르고

$$T_1, T_2, T_3, T_4, \cdots$$

로 나타낸다. 그러니까

$$T_1 = 1$$
$$T_2 = 3$$
$$T_3 = 6$$
$$T_4 = 10$$

이다. 삼각수들은 다음과 같은 재미있는 규칙을 만족한다.

$$T_1 = 1$$
$$T_2 = 1+2$$
$$T_3 = 1+2+3$$
$$T_4 = 1+2+3+4$$

따라서 삼각수의 일반항은

$$T_n = 1+2+\cdots+n$$

이 된다.

다음 공식을 보자.

$$(a+b)^2 = a^2 + 2ab + b^2$$

이 공식은 다음과 같이 그림으로 증명할 수 있다.

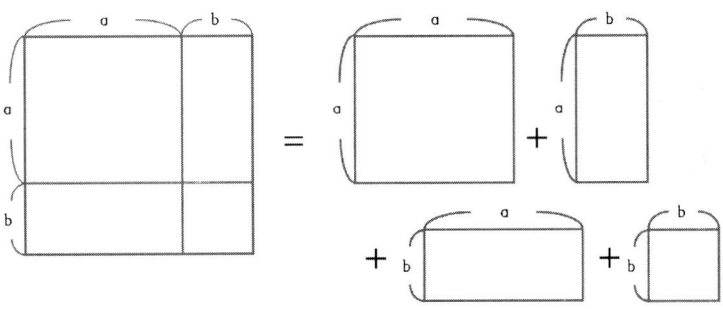

이 식에 $a=n, b=1$을 넣으면

$$(n+1)^2 = n^2 + 2n + 1$$

이므로,

$$(n+1)^2 - n^2 = 2n + 1$$

이다. 이 식에 $n=1$부터 차례대로 대입하면,

$$2^2 - 1^2 = 2 \times 1 + 1$$
$$3^2 - 2^2 = 2 \times 2 + 1$$
$$4^2 - 3^2 = 2 \times 3 + 1$$

$$\vdots$$

$$(n+1)^2 - n^2 = 2 \times n + 1$$

이다. n개의 식들을 모두 더하면

$$(n+1)^2 - 1 = 2 \times (1 + 2 + \cdots + n) + n$$

또는

$$n^2 + 2n = 2 \times (1 + 2 + \cdots + n) + n$$

이다. 우변의 n을 좌변으로 이항하면

$$n^2 + 2n - n = 2 \times (1 + 2 + \cdots + n)$$

또는

$$n^2 + n = 2 \times (1 + 2 + \cdots + n)$$

이 된다. 좌변은 분배법칙에 의해,

$$n^2 + n = n(n+1)$$

이 되니까,

$$n(n+1) = 2 \times (1 + 2 + \cdots + n)$$

이다. 양변을 2로 나누면

$$T_n = 1 + 2 + \cdots + n = \frac{1}{2}n(n+1) \quad \text{(4-2-1)}$$

이 된다.

이번에는 피타고라스가 알아낸 방법을 알아보자. 다음 그림을 보자.

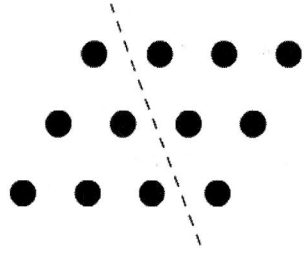

점선의 왼쪽의 점의 개수와 오른쪽의 점의 개수가 같다. 전체 점의 개수는 3×4로 이것은

$$3 \times (3+1)$$

이라고 쓸 수 있고, 이것은 세 번째 삼각수의 두 배이니까 세 번째 삼각수는

$$\frac{1}{2} \times 3 \times (3+1)$$

이다. 이런 방법으로 n번째 삼각수가

$$\frac{1}{2}n(n+1)$$

이 된다는 것을 알 수 있다.

삼각수는 또한 다음과 같은 관계식을 만족한다.

$$T_n = T_{n-1} + n \quad (\text{4-2-2})$$

이렇게 두 인접한 항들 사이의 관계식을 '2항 점화식'(recurrence relation)이라고 부른다.

피타고라스는 다음과 같은 모양으로 주어지는 '사각수'(tetrahedral number)에 대해서도 연구했다.

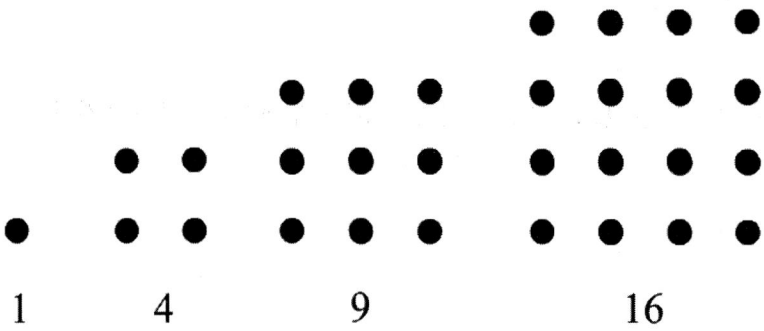

1   4   9   16

처음 네 개의 사각수는 1, 4, 9, 16으로 항상 제곱수다. 예를 들어, $16 = 4^2$이 된다. 사각수의 일반항을 Q_n이라고 쓰면

$Q_1 = 1$
$Q_2 = 4$
$Q_3 = 9$
$Q_4 = 16$

이므로 사각수의 일반항은

$$Q_n = n^2 \quad (1\text{-}2\text{-}3)$$

이다. 사각수에는 다음과 같은 재미있는 성질이 있다.

$1 = 1^2$
$1 + 3 = 2^2$
$1 + 3 + 5 = 3^2$
$1 + 3 + 5 + 7 = 4^2$
$1 + 3 + 5 + 7 + 9 = 5^2$

즉, 홀수들을 차례로 더하면 사각수가 된다. 왜 그런지 살펴보자. 세 번째 사각수를 보자.

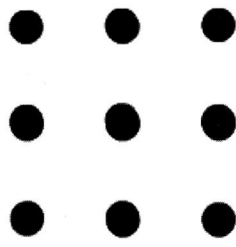

이것을 다음과 같이 세 영역으로 나누어 보자.

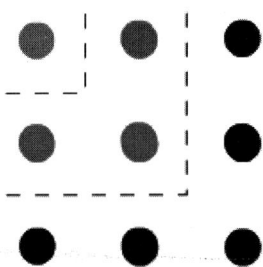

빨간 점은 한 개, 파란 점은 세 개, 검은 점은 다섯 개이니까 전체 점의 개수는

$1 + 3 + 5$

이다. 이것이 3^2과 같으니까

$$1+3+5=3^2$$

이다. 일반적으로는 다음과 같다.

$$1+3+5+\cdots+(2n-1)=n^2$$

이것을 증명해보자. 식(1-2-1)에 n대신 $2n$을 넣으면

$$1+2+3+4+\cdots+(2n-1)+2n=\frac{1}{2}(2n)(2n+1) \quad (1\text{-}2\text{-}4)$$

이다. 이 식의 좌변은 짝수까지의 합이므로 다음과 같이 홀수들의 합과 짝수들의 합으로 나눌 수 있다.

$$A=1+3+5+\cdots+(2n-1) \quad (1\text{-}2\text{-}5)$$

$$B=2+4+6+\cdots+2n=2(1+2+3+\cdots+n) \quad (1\text{-}2\text{-}6)$$

그러니까 식 (1-2-5)와 식 (1-2-6)을 식(1-2-4)에 넣으면

$$A + 2 \times \frac{1}{2}n(n+1) = n(2n+1)$$

이 되고, 이 식에서 A를 구하면,

$$A = n^2$$

이 된다.

이제 삼각수와 사각수 사이의 관계를 알아보자. 예를 들어 첫 번째 삼각수와 두 번째 삼각수를 더하면 4가 되는 데 이것은 사각수이다. 마찬가지로 두 번째 삼각수와 세 번째 삼각수를 더하면 9가 되는 데 이것 역시 사각수이다. 삼각수를 차례로 써 보면 다음과 같다.

$$1, 3, 6, 10, 15, 21 \cdots$$

이웃하는 삼각수끼리 더하면

```
 1   3   6  10  15  21 ···
  \ / \ / \ / \ / \ / \ /
 1   4   9  16  25  36 ···
```

결과는 사각수가 된다. 이것을 일반적으로 쓰면 다음과 같다.

(n-1)번째 삼각수 + n번째 삼각수 = n번째 사각수

$$T_{n-1} + T_n = Q_n \quad (1\text{-}2\text{-}7)$$

이것을 증명해보자. 다음 식을 보자.

$$T_n = \frac{1}{2}n(n+1)$$

이 식에 n 대신 n-1을 넣으면

$$T_{n-1} = \frac{1}{2}(n-1)\{(n-1)+1\} = \frac{1}{2}n(n-1)$$

이다. 그러므로,

$$T_{n-1} + T_n = \frac{1}{2}n(n+1) + \frac{1}{2}n(n-1) = n^2 = Q_n$$

이다.

    피타고라스는 삼각수와 사각수를 일반화하여 오각형을 만드는 데 사용되는 점의 개수를 나타내는 수를 '오각수', 육각형을 만드는 데 사용되는 점의 개수를 나타내는 수를 '육각수'라고 정의하여 모든 도형이 그에 대응되는 수와 관련 있음을 알아냈다. 삼각수, 사각수, 오각수 등과 같이 도형과 관련된 수를 통칭하고 '도형수'라고 부른다.

4-3 완전수의 발견

수를 중요시 여겼던 피타고라스는 재미있는 규칙을 만족하는 수들을 끊임없이 찾아냈고 그런 수들의 공통의 성질을 찾는데 심혈을 기울였다. 그렇게 찾아낸 수 중 대표적인 것이 완전수이다.

완전수를 이해하기 위해서는 약수에 대한 조금 이해할 필요가 있다. 약수는 어떤 수를 나누어떨어지게 하는 수를 말한다. 예를 들어 2는 6을 나누어떨어지게 하는 수이므로 약수이다. 6의 약수를 모두 쓰면 1, 2, 3, 6이다. 여기서 자기 자신인 6을 제외한 약수를 진약수라고 부른다. 즉, 6의 진약수는 1, 2, 3이다.

6의 진약수를 모두 더하면 6이 되어 원래의 수가 된다. 피타고라스는 진약수의 합이 그 수와 같은 수를 '완전수'라고 불렀다. 즉, 6은 가장 작은 완전수이다.

완전수가 아닌 수는 진약수의 합이 그 수와 같지 않은 데 그런 수는 두 종류가 생긴다. 예를 들어, 8의 진약수는 1, 2, 4이고 진약수의 합은 8보다 작으므로 8은 완전수가 아니다. 피타고라스는 진약수의 합이 원래의 수보다 작은 수를 '부족수'라고 불렀다. 또 다른 예를 들어보자. 12의 진약수는 1, 2, 3, 4, 6이고 진약수의 합은 12보다 크다. 피타고라스는 진약수의 합이 원래의 수보다 큰 수를 '과잉수'라고 불렀다. 그러므로 피타고라스는 자연수를 홀수와 짝수로 분류할 수 있을 뿐 아니라 완전수,

부족수, 과잉수로 분류할 수 있음을 알아냈다.

이 중에서 제일 흥미로운 수는 완전수이다. 현재까지 발견된 완전수는 모두 짝수이다. 하지만 그 이유는 아직까지 밝혀지지 않았다. 여섯 개의 완전수를 작은 수부터 차례로 써 보면 6, 28, 496, 8128, 33550336, 8589869056이다.

완전수는 항상 연속되는 자연수의 합으로 표현될 수 있다.

$6 = 1 + 2 + 3$
$28 = 1 + 2 + 3 + 4 + 5 + 6 + 7$
$496 = 1 + 2 + 3 + 4 + 5 + 6 + 7 + 8 + 9 + \cdots + 30 + 31$
$8128 = 1 + 2 + 3 + 4 + 5 + 6 + 7 + 8 + \cdots + 126 + 127$

게다가 완전수 6은 다음과 같이 재미있는 성질을 만족한다.

$6 = 1 \times 2 \times 3$
$1^3 + 2^3 + 3^3 = 6^2$
$3^3 + 4^3 + 5^3 = 6^3$

또한, 6보다 큰 완전수의 각 자릿수의 합을 9로 나눈 나머지는 1이다. 실제로 6보다 큰 완전수의 각 자릿수를 더하면 다음과 같다.

2+8=10

4+9+6=19

8+1+2+8=19

3+3+5+5+0+3+3+6=28

8+5+8+9+8+6+9+0+5+6=64

여기서 10, 19, 28, 64 를 9로 나눈 나머지는 1이라는 것을 알 수 있다.

또한, 6보다 큰 완전수는 연속된 홀수의 세제곱의 합과 같다.

$28 = 1^3 + 3^3$
$496 = 1^3 + 3^3 + 5^3 + 7^3$
$8128 = 1^3 + 3^3 + 5^3 + 7^3 + 9^3 + 11^3 + 13^3 + 15^3$

피타고라스는 또한 '우애수'를 발견했다. 220의 진약수는 1, 2, 4, 5, 10, 11, 20, 22, 44, 55, 110이고, 284의 진약수는 1, 2, 4, 71, 142이 되는데 220의 진약수의 합을 구해보면 284가 되고 284의 진약수의 합을 220이 된다. 이렇게 어떤 수 A의 진약수의 합이 B와 같고 B의 진약수의 합이 A와 같을 때 A와 B를 우애수라고 부른다. 또 다른 우애수로는 1184과 1210, 17296과 18416, 9363584과 9437056이 있다.

4-4 피타고라스 정리와 피타고라스 수

피타고라스 정리는 직작삼각형의 세 변 사이의 관계를 나타낸다. 다음 직각삼각형을 보자.

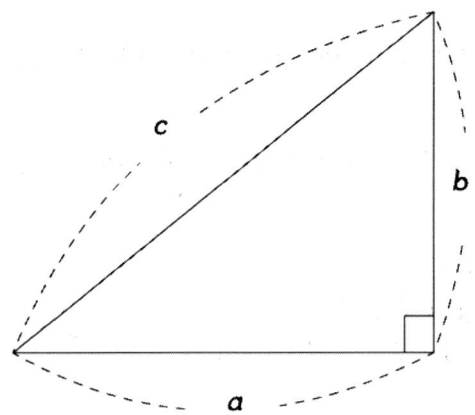

이때 피타고라스 정리는 다음과 같다.

$$c^2 = a^2 + b^2$$

피타고라스 정리는 메소포타미아 사람들이 먼저 알고 있었다. 피타고라스는 이집트와 메소포타미아 지역을 여행하면서 이 정리를 접하게 되었다. 이 정리를 체계적으로 처음 연구한 사람이 피타고라스이기 때문에 이 정리를 피타고라스 정리라고 부른다. 이 정리는 나중에 유클리드에 의해 증명된다.

이제 피타고라스 정리를 쉽게 증명해보자. 다음과 같은 직각 이등변 삼각형을 보자.

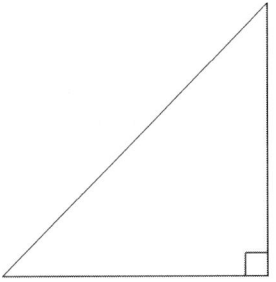

직각 이등변 삼각형이므로 빗변이 아닌 두 변의 길이가 같다. 이제 각 변을 한 변의 길이로 갖는 정사각형을 그려보자.

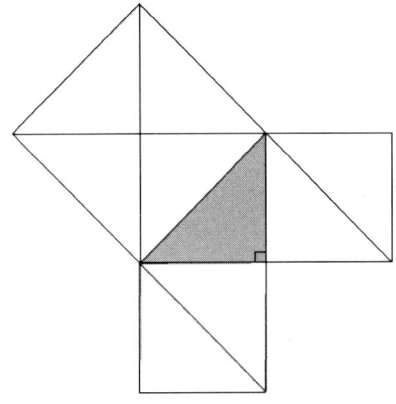

이때 빗변을 한 변으로 하는 정사각형의 넓이는 직각삼각형의 넓이의 4배이고, 다른 변을 한 변으로 하는 정사각형의 넓이는 직각삼각형의 넓이의 두 배이므로 피타고라스 정리가 성립한다는 것을 알 수 있다.

일반적인 증명을 생각하려면 다음과 같은 정사각형을 생각해야 한다.

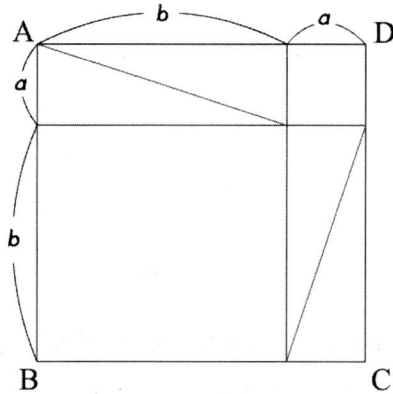

이 정사각형의 넓이를 다음과 같이 그림으로 나타낼 수 있다.

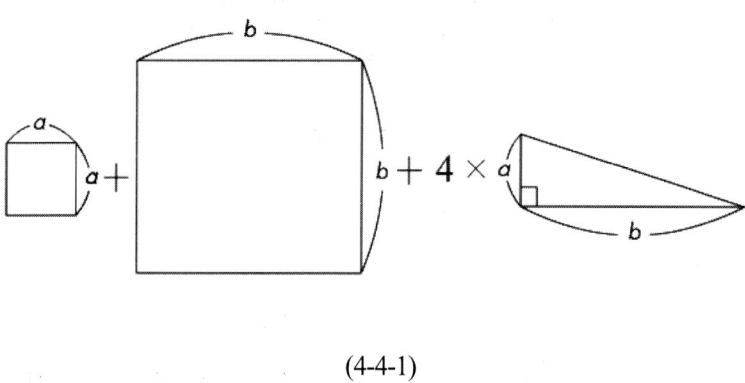

(4-4-1)

이 정사각형을 다음과 같이 나눠보자.

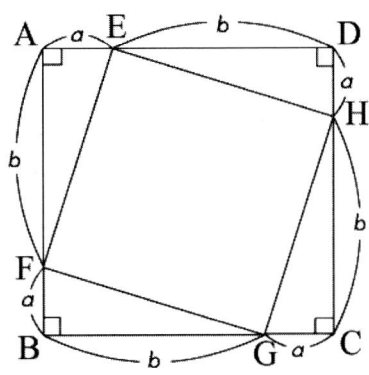

삼각형 AEF에서 ∠A는 직각이고 삼각형의 내각의 합은 180°이므로

$$\angle AEF + \angle AFE = 90°$$

이다. ∠AEF=α, ∠AFE=β 라고 하면

$$\alpha + \beta = 90°$$

이다. 삼각형 AEF와 삼각형 BFG는 합동이므로

$$\angle AEF = \alpha$$

이다. 한편

∠EFA+∠EFG+∠GFB=180°

또는

α+β+∠EFG=180°

이고 $α + β = 90°$ 이므로

∠EFG=90°

이다. 마찬가지로 ∠FEH=90°이다. 또한, 삼각형 AEF와 삼각형 BFG는 합동이므로

$\overline{EF} = \overline{FG}$

이다. 그러므로 사각형 EFGH는 정사각형이다. 정사각형 EFGH의 한 변의 길이를 c라고 하면 이 정사각형의 넓이는 c^2이다. 이때 사각형 ABCD의 넓이는 다음과 같이 그림으로 나타낼 수 있다.

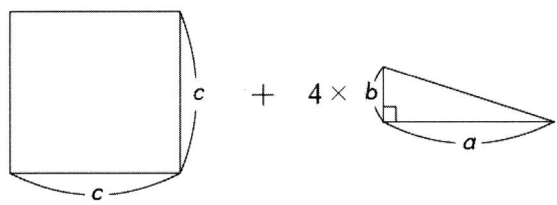

(4-4-2)

(4-4-1)과 (4-4-2)를 비교하면

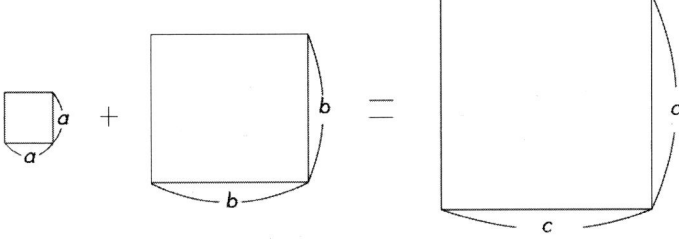

가 되므로

$$a^2 + b^2 = c^2$$

이 성립한다.

수에 관심이 많았던 피타고라스는 피타고라스 정리를 만족하는 세 자연수를 '피타고라스 수'라고 불렀다. (3, 4, 5)는 $3^2 + 4^2 = 5^2$을 만족하므로 피타고라스 수인데 이 수는 고대 이집트 사람들이 찾아냈고, (5, 12, 13)은 고대 메소포타미아 사람들이 찾아냈다. 그 외의 피타고라스 수는 모두 피타고라스가 찾아냈다.

피타고라스는 (3, 4, 5)가 피타고라스 수이므로 이 수 각각에 2배를 한 (6, 8, 10)도 피타고라스 수가 된다는 것을 알아냈다. 일반적으로 어떤 세 수가 피타고라스 수일 때 세 수에 똑같은 수를 곱한 수들도 피타고라스 수가 되므로 피타고라스 수는 무한히 많이 만들 수 있다.

또한, 피타고라스는 홀수들의 합이 어떤 수의 제곱이 된다는 것을 알아냈다. 예를 들면 다음과 같다.

$$1+3+5+7 = 4^2 \qquad (4-4-3)$$
$$1+3+5+7+9 = 5^2 \qquad (4-4-4)$$

(4-3-3)을 (4-4-4)에 넣고 $9 = 3^2$을 이용하면 (4-4-4)는

$$3^2 + 4^2 = 5^2$$

이다. 또 다른 예를 보자.

$$1+3+5+\cdots+23 = 12^2 \qquad (4-4-5)$$
$$1+3+5+\cdots+23+25 = 13^2 \qquad (4-4-6)$$

(4-4-5)을 (4-4-6)에 넣고 $25 = 5^2$을 이용하면 (4-4-6)는

$$5^2 + 12^2 = 13^2$$

이다. 또 다른 피타고라스 수를 이 방법으로 만들어 보자. 다음 식을 보자.

$$1+3+5+\cdots+47 = 24^2 \qquad (4-4-7)$$
$$1+3+5+\cdots+47+49 = 25^2 \qquad (4-4-8)$$

(4-4-7)를 (4-4-8)에 넣고 $49 = 7^2$을 사용하면

$$7^2 + 24^2 = 25^2$$

이 되어, 7, 24, 25라는 새로운 피타고라스 수가 나온다. 이 방법을 이용하여 피타고라스는 다음과 같은 여러 개의 피타고라스 수를 발견했다.

$$9^2 + 40^2 = 41^2$$
$$11^2 + 60^2 = 61^2$$
$$13^2 + 84^2 = 85^2$$
$$15^2 + 112^2 = 113^2$$
$$17^2 + 144^2 = 145^2$$

피타고라스는 자연수와 분수의 신봉자였다. 그는 모든 수가 정수의 비로 주어지는 유리수라고 믿었다. 그러므로 모든 길이는 유리수로 나타낼 수 있다는 것이 피타고라스의 강한 믿음이었다. 피타고라스 학파의 네 번째 교장인 리시포스가 있을 때 히파수스라는 수학자가 있었다.

히파수스는 정사각형의 대각선의 길이는 정사각형의 한 변의 길이를 잴 수 있는 자로는 정확하게 측량되지 않음을 알아냈다. 즉 그는 정사각형의 한 변의 길이와 대각선의 길이의 비를 분수로 나타낼 수 없다는 것을 알아낸 것이다. 그는 이 사실을 리시포스 교장에게 알렸다. 리시포스 교장 역시 히파수스와 비슷한 생각을 가지고 있었지만 피타고라스 학파에서는

 자연수와 분수 이외의 수는 금지하기 때문에 리시포스 교장은 히파수스에게 이 내용에 대해 더 이상 연구하지도 말고 지금까지 연구된 내용을 누구에게도 발설하지 말라고 당부했다.
 하지만 히파수스는 리시포스 교장의 말을 듣지 않았다. 그는 수많은 고민 끝에 사람들에게 진실을 알려야 한다고 여기고 정사각형의 대각선의 길이는 분수로 나타낼 수 없다는 것을 사람들에게 알렸다. 이 사실을 전해 들은 피타고라스는 학파의 규칙을 어긴 히파수스를 바다 속에 던져 죽여 버렸다. 그 정도로 피타고라스는 분수의 비로 나타낼 수 없는 수를 지독히 싫어했다.

4-5 피타고라스, 음악도 수로 해석하다.

피타고라스는 영적인 평화를 위해 여러 종교를 체험했다. 특히 그는 오르페우스 교에 심취되었는 데 당시 오르페우스 교는 쇠퇴기를 맞이하고 있었다. 그는 오르페우스 교의 영혼불멸과 윤회사상을 믿었고 이러한 사상은 피타고라스 학파의 정신에도 스며들었다.

피타고라스는 시와 음악이 불멸의 영혼을 치유할 수 있다고 믿었고, 시와 음악은 모두 수로 나타낼 수 있다고 믿었다. 그리고 그는 피타고라스의 음계로 알려진 최초의 음계를 자연수의 비율에 의해 만드는 데 성공했다.

자연수를 사랑했던 피타고라스는 자연수의 비로 주어지는 수인 분수에도 관심이 많았는데 그는 자연수의 비로 주어지는 분수를 이용하여 현악기의 음계를 만들었다. 피타고라스가 만든 음계의 이름은 '도레미파솔라시'로 불리는 데 두 줄의 길이가 자연수의 비가 될 때 두 줄 사이에 아름다운 화음이 만들어진다고 생각했다.

피타고라스는 현악기에서 줄의 길이의 비가 $1 : \frac{2}{3} : \frac{1}{2}$ 이 될 때 세 음이 가장 잘 어울린다는 것을 알아냈다. 그리고 이 세 수의 나열인 $1, \frac{2}{3}, \frac{1}{2}$ 을 '조화수열'이라고 이름 붙였다.

현으로 실험

$1, \frac{2}{3}, \frac{1}{2}$ 의 역수를 취하면 $1, \frac{3}{2}, 2$ 가 되는 데 이 세수의 비를 구하면 $1 : \frac{3}{2} : 2 = 2 : 3 : 4$ 이 되어 자연수의 비가 된다는 것을 알 수 있다.

현악기는 줄을 퉁겼을 때 만들어지는 공기의 진동을 일으켜 소리를 만드는 데 줄의 길이에 따라 다른 음들이 나온다. 길이가 짧은 줄을 퉁기면 높은 음이 나오고 길이가 긴 줄을 퉁기면 낮은 음이 나온다.

피타고라스는 '도'음을 만드는 줄의 길이를 1이라고 할 때 이 줄의 길이를 $\frac{2}{3}$로 해주면 '도'음보다 5도 높은 '솔'음이 나오며 이렇게 5도 차이가 나는 '도'음과 '솔'음은 아주 조화를 잘 이룬다고 생각했다. 또 줄의 길이를 $\frac{1}{2}$로 하면 '도'음보다 8도 높은 '도'음이 나오는데 이것도 역시 '도'음과 조화를 이루는 음이다.

피타고라스의 방법으로 다른 음이 나오는 과정을 살펴보자. '솔'음보다 5도 높은 음은 높은 '레'음이다. '솔'음을 만들 때는 줄의 길이가 $\frac{2}{3}$이므로 줄의 길이가 이것의 다시 $\frac{2}{3}$배가 되면 높은 '레'음이 된다. 그러므로 높은 '레'음를 만드는 줄의 길이는 $\frac{2}{3} \times \frac{2}{3} = \frac{4}{9}$이다. 높은 '레'음은 '레'음보다 8도 높으므로 '레'음의 줄의 길이는 높은 '레'음의 줄의 길이의 두 배이다. 그러므로 '레'음의 줄의 길이는 $\frac{8}{9}$이다.

'라'음에서 8도를 낮추면 낮은 '라'음이 되므로 낮은 '라'음의 줄의 길이는 '라'음의 줄의 길이의 두 배이다. 그러므로 낮은 '라'음의 줄의 길이는 $2 \times \frac{16}{27} = \frac{32}{27}$이다. 낮은 '라'음에서 5도를 높이면 '미'음이므로 '미'음은 낮은 '라'음의 줄의 길이의 $\frac{2}{3}$배이다. 그러므로 '미'음의 줄의 길이는

$$\frac{32}{27} \times \frac{2}{3} = \frac{64}{81}$$

이다.

'미'음에서 5도 높이면 '시'음이 나오므로 '시'음의 줄의 길이는 '미'음의 줄의 길이의 $\frac{2}{3}$ 배이다. 그러므로 '시'음의 줄의 길이는 $\frac{64}{81} \times \frac{2}{3} = \frac{128}{243}$ 이다.

'파'음은 높은 '도'음보다 5도 아래이다. 그러므로 '파'음을 내는 줄의 길이를 x라고 하면 $x \times \frac{2}{3}$ 가 바로 높은 '도'음을 내는 줄의 길이인 $\frac{1}{2}$ 이다. 그러므로

$$x \times \frac{2}{3} = \frac{1}{2}$$

에서 x를 구하면 $x = \frac{3}{4}$ 이다. 즉, 파음을 내는 줄의 길이는 $\frac{3}{4}$ 이다.

'레'음에서 5도 높이면 '라'음이 만들어진다. 그러므로 '라'음의 줄의 길이는 '레'음의 줄의 길이의 $\frac{2}{3}$ 배이다. 그러므로 '라'음의 줄의 길이는

$$\frac{8}{9} \times \frac{2}{3} = \frac{16}{27}$$

이다. 피타고라스는 이 방법을 이용하여 모든 음계에 대한 줄의 길이를 계산할 수 있었다. 그 결과를 정리하면 다음과 같다.

음계	줄의 길이
도	1
레	$\frac{8}{9}$
미	$\frac{64}{81}$
파	$\frac{3}{4}$
솔	$\frac{2}{3}$
라	$\frac{16}{27}$
시	$\frac{128}{243}$
높은 도	$\frac{1}{2}$

피타고라스는 도레미파솔라시로 알려진 칠 음계가 천문학에도 적용될 수 있다고 믿었다. 당시 피타고라스는 지구를 중심으로 달, 태양, 수성, 금성, 화성, 목성, 토성의 일곱 천체가 돌고 있다고 믿고 있었는데 이들의 운동은 음계로 설명할 수 있으며 지구로부터 일곱 개의 천체까지의 거리의 비 역시 조화수열로 나타낼 수 있다고 생각했다.

4-6 그리스와 로마의 숫자

그리스 숫자의 기원에 대해서는 기원전 8세기에 만들어졌다는 설도 있고 기원전 5세기에 쓰였다는 설도 있다. 즉 언제 처음 그리스 숫자가 만들어졌는지는 확실하지 않다. 그리스 사람들은 그리스 알파벳을 이용하여 수를 나타내는 방법을 처음으로 도입했다. 그들은 그리스 알파벳인 $\alpha, \beta, \gamma, \cdots$ 를 각각 1, 2, 3, ⋯ 에 대응시키는 방법으로 다음과 같은 그리스 숫자를 만들었다.

```
 α   β   γ   δ   ε   F   ζ   η   θ
 1   2   3   4   5   6   7   8   9

 ι   κ   λ   μ   ν   ξ   ο   π   ϛ
10  20  30  40  50  60  70  80  90

 ρ   σ   τ   υ   φ
100 200 300 400 500

 χ   ψ   ω   ϡ
600 700 800 900

  ͵α    ͵β    ͵γ    ͵δ    ͵ε
1000  2000  3000  4000  5000

  ͵F    ͵ζ    ͵η    ͵θ
6000  7000  8000  9000
```

예를 들어 $\iota\beta$를 보자. ι가 10을 β가 2를 나타내므로 $\iota\beta$는 12를 나타낸다. 또 다른 예로 $\sigma\mu\eta$를 보자. σ는 200을 μ는 40을 η는 7을 나타내므로 $\sigma\mu\eta$는 247을 나타낸다.

그리스의 수체계는 0이 없다는 것을 제외하고는 현재의 십진법과 비슷하다. 11을 그리스 숫자로 나타내면 11 = 10 + 1 이므로 10을 나타내는 기호인 ι뒤에 1을 나타내는 기호인 α를 써서 $\iota\alpha$라고 쓰면 된다. 또한 101을 나타낼 때는 101 = 100 + 1이므로 100을 나타내는 기호인 ρ뒤에 1을 나타내는 기호인 α를 써서 $\rho\alpha$라고 쓰면 된다. 현재의 수체계에서는 0과 1만으로 두 수를 쓸 수 있지만 그리스의 수체계로는 11과 101을 완전히 다른 꼴로 표현됨을 알 수 있다.

그리스 사람들은 십진법을 사용하기 때문에 1000부터, 9000까지의 수를 나타내기 위해 또 다른 기호가 필요했다. 하지만 그들의 알파벳의 수가 모자라기 때문에 1000부터 9000까지를 나타내는 기호로 1부터 9까지를 나타내는 알파벳 앞에 콤마를 찍었어. 예를 들어 3458을 그리스 수로 나타내면

$$,\gamma\upsilon\nu\eta$$

이 되는 데 여기서 ' $,\gamma$'는 3이 아니라 3000을 나타낸다. 마찬가지로 그리스 사람들은 10000 이상의 수를 나타내기 위해 다음과 같은 기호를 도입했어.

$$10000 = M$$

$$20000 = \overset{\beta}{M}$$

$$30000 = \overset{\gamma}{M}$$

그리스의 수에는 10만 이상이 정의되지 않는데 그들은 그 정도로 큰 수의 필요성을 느끼지 못했기 때문에 그런 수를 나타내는 새로운 기호를 만들지 않았다.

2세기 경 파피루스에 쓰여진 그리스 수

그리스 시대가 쇠퇴하고 로마시대가 도래한다. 새 술은 새 부대에 붓는다고 로마사람들은 그리스 숫자를 거부하고 새로운 숫자를 만들었다. 로마숫자로 1, 2, 3을 나타내면 다음과 같다.

$$1 = \text{I},\ 2 = \text{II},\ 3 = \text{III}$$

로마 사람들은 4를 IIII로 나타내지 않았다. 대신에 그들은 5를 나타내는 새로운 기호를 만들었다.

$$5 = V$$

로마 사람들이 5를 V로 나타낸 것은 손가락이 다섯 개이고 손가락을 모두 펼치면 아래 그림과 같이 브이자 모양이 되기 때문이다.

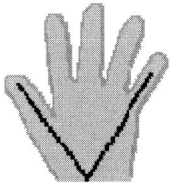

로마 사람들은 IIII처럼 같은 기호가 네 번 반복되는 것을 싫어했다. 그래서 그들은 5를 나타내기 위해 뺄셈의 개념을 도입했다. 4는 5보다 1작으므로 5를 나타내는 V 앞에 1을 나타내는 I 를 쓴 것을 4로 나타냈다.

$$4 = IV$$

로마 사람들은 6 = 5 + 1, 7 = 5 + 2 , 8= 5 + 3이므로 다음과 같이 나타냈다.

$$6 = VI, 7 = VII, 8 = VIII$$

즉, V보다 앞에 나온 I는 뺄셈으로 정의되고 V보다 뒤에 나오는 I는 덧셈을 정의된다. 로마 사람들은 다시 10을 나타내는 기호가 필요했다. 양손을 붙이면 다음과 같은 모양이 되므로 그들은 10을 X로 나타냈다.

$$10 = X$$

9는 10보다 1작은 수이므로

$$9 = IX$$

이 되고, 11부터 14는 다음과 같이 된다.

$$11 = XI, \ 12 = XII, \ 13 = XIII, \ 14 = XIV$$

예를 들어, 29를 로마 숫자로 나타내면, 29 = 10 + 10 + 9 이니까

$$XXIX$$

이다.

로마사람들에게는 끊임없이 새로운 기호가 필요했다. 예를 들어 40을 나타내려면 50을 나타내는 기호가 필요하고, 90을 나타내려면 100을 나타내는 기호가 필요했다. 예를 들어 50은 다음과 같이 나타냈다.

L

또한 100은 다음과 같이 나타냈다.

C

마찬가지로 500과 1000은 다음과 같이 나타냈다.

500 = D
1000 = M

그리고, 5000 이상의 수는 다음과 같이 나타냈다.

$\overline{V}$=5,000 $\overline{X}$=10,000 $\overline{L}$=50,000 $\overline{C}$=100,000 $\overline{D}$=500,000 $\overline{M}$=1,000,000

예를 들어 924587과 같은 큰 수는 로마 수로 다음과 같이 표기되었다.

CMXXIVDLXXXVII

런던 Admiralty Arch

런던 Admiralty Arch에 적혀있는 로마수.
이 건물이 지어진 1910년을 나타내는 로마 수가 표기되어 있다.

    고대 마야인들도 고유의 숫자를 가지고 있었다. 마야 문명은 오늘날 멕시코 남동부, 과테말라와 벨리즈 전체, 온두라스와 엘살바도르 서부 지역을 포함하는 마야 지역에서 발전했다. 마야 문명은 기원전 2000년경에 발생했다.

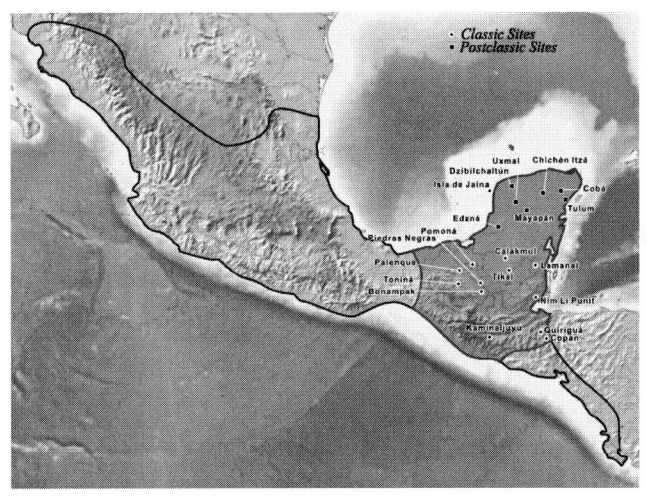

고대 마야인들이 언제 숫자를 만들었는지는 알려져 있지 않다. 마야의 숫자는 16세기 초 스페인 탐험가가 유카탄 반도(멕시코 동남부)에 들어갔을 때 발견했다. 고대 마야인들을 20진법을 사용했고 이들 역시 빈자리를 나타내기 위해 0을 나타내는 기호를 만들었다. 0을 나타내는 기호는 다음과 같다.

이들은 1을 나타내는 기호인 점(●)과 5를 나타내는 기호인 막대기(─)를 사용해서 0부터 19까지의 수를 나타냈다. 예를 들어 8은 5 + 3이므로 5를 나타내는 기호 하나를 쓰고 그 위에 1을 나타내는 기호 3개를 써서

다음과 같이 나타낸다.

●●●

20이상의 수를 나타낼 때는 20의 자리와 일의 자리를 알면 된다. 예를 들어, 20은 20 + 0이므로 20의 자리수는 1이고 일의 자리수는 0이다. 그러므로 높은 자리수를 위에 쓰면 다음과 같이 20을 나타낼 수 있다.

●

같은 방법으로 28은 20 + 8 이므로 20의 자리수는 1이고 일의 자리수는 8이다. 그러므로 다음과 같이 나타낼 수 있다.

●

●●●

마야숫자로 0부터 29까지의 수를 나타내면 다음과 같다.

Mayan positional number system

좀 더 큰 수를 마야의 수체계로 나타내 보자. 예를 들어 $100 = 5 \times 20 + 0$ 이므로 20의 자리수는 5이고 일의 자리수는 0이다. 그러므로 100은 마야숫자로 다음과 같이 나타낼 수 있다.

이번에는 좀 더 큰 수를 보자. 1377을 보자. 우선 $20^2 = 400$이므로 1377은 20진법으로 전개하면

$$1377 = 3 \times 20^2 + 8 \times 20 + 17$$

이다. 그러므로 20^2의 자리수는 3이고 20의 자리수는 8이고 일의 자리수는 17이므로 1377을 마야숫자로 나타내면 다음과 같아.

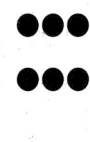

마야인들의 20진법 수의 개념은 오늘날 프랑스에서 수를 나타내는 단어에서도 나타난다. 영어에서 99는 90을 나타내는 ninety와 9를 나타내는 nine이 붙은 ninety nine 이지만 프랑스에서 99를 나타내는 말은 quatre-vingt-dix-neuf라고 읽는데 이것은 '4개의 20과 19의 합'이라는 뜻이다.

제5장
그리스 3대 문제와 제논의 역설

5-1 3대 작도문제

이제 탈레스와 피타고라스 이후의 그리스 수학자들에 대한 이야기를 해보자.

기원전 546년 페르시아는 그리스의 이오니아 지방과 그리스 식민 도시를 정복했다. 이때 피타고라스와 크세노파네스와 같은 철학자들은 남부 이탈리아로 도망쳐 피타고라스는 크로톤에, 크네노파네스는 엘레아에 학교를 세웠다. 이 시기에 이오니아에는 이오니아 학파가 생겼고 엘레아 지역에는 엘레아 학파가 생겼다.

기원전 499년 이오니아 지방에 대한 페르시아의 지배에 저항하는 반란이 일어났는데 이때 아테네는 이오니아에 군대를 보내주었다. 페르시아는 반란을 진압한 후 기원전 492년 그리스를 공격했다. 하지만 페르시아의 함대는 거친 풍랑 때문에 뜻을 이루지 못했다. 2년 후 페르시아 군대는 아티카로 침공해 들어갔지만 마라톤 평야에서 아테네 군대에 패했다.

　　기원전 480년 페르시아가 다시 그리스를 침공했지만 아테네 군대가 살라미스 해전에서 페르시아 함대를 격파했다. 페르시아와의 전쟁에서 이긴 아테네는 황금기를 맞이하고 철학과 수학에 대한 연구가 활발해지기 시작했다. 이오니아 학파의 아낙사고라스와 히포클라테스, 엘레아 학파의 제논과 파르메니데스 등이 아테네로 들어오면서 아테네의 수학이 발전했다.

　　황금기의 아테네에서 귀족계급과 시민계급은 집안일을 노예에게 맡기고 정치와 학문에만 열중했다. 그래서 소피스트(sophist)라고 부르는 가정교사들에게 철학이나 수학이나 과학을 배우는 귀족이나 시민들이 많았다. 당시 소피스트들은 3대 작도 문제라고 부르는 문제를 찾아냈다. 3대 작도문제는 작도가 불가능한 문제를 말한다.

작도 문제는 어떤 도형을 눈금이 없는 자와 컴퍼스만으로 그리는 문제를 말한다. 예를 들어 임의의 ∠AOB의 이등분선을 작도하는 순서는 다음과 같다.

① 점 O를 중심으로 원을 그려 두 반직선 OA, OB와의 교점을 각각 C, D라고 한다.

② 두 점 C, D를 중심으로 반지름의 길이가 같은 두 원이 서로 만나도록 각각 그리고, 그 교점을 P라고 한다.

③ 반직선 OP를 그린다. 이 반직선 OP가 ∠AOB의 이등분선이다.

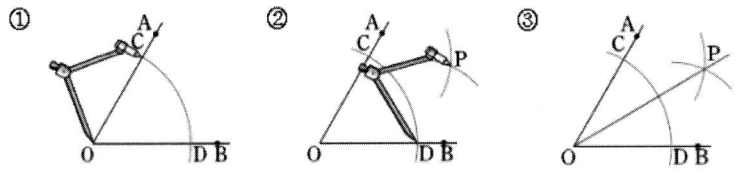

수학자 아낙사고라스에 대해 잠깐 알아보자.

Anaxagoras BC 500 - BC 428 고대 그리스

아낙사고라스는 누스(Nus)라고 부르는 눈에 보이지 않는 아주 작은 알갱이들로 사물이 이루어져 있다고 주장한 과학자이다. 그는 무한히 많은 누스를 도입하여 물질의 변화를 설명하고자 했다. 그는 모든 물질은 원래부터 있었던 것으로 순수한 것은 함께 있었고, 모든 것은 모든 것의 부분이기 때문에 순수한 물질이란 존재하지 않는다고 주장했다. 아낙사고

라스는 이런 내용을 정리해 <자연에 관하여>라는 책을 썼다.

아낙사고라스는 태양이 신이 아니라 펠로폰네수스 반도(그리스 남부의 반도)정도 크기의 붉게 타는 돌에 불과하다는 주장을 펼쳤다. 이것은 태양에 대한 숭배를 모독하는 것이라 여겨 아낙사고라스는 불경죄로 감옥에 투옥되었다. 그는 감옥에 있는 동안 다음과 같은 수학문제를 고민했다.

'주어진 원의 면적과 같은 정사각형을 작도하라.'

이 문제는 원적문제라고 부르는데 아낙사고라스는 이 작도문제가 불가능하다고 여겼다. 하지만 많은 소피스트들이 이 문제는 작도가능할 것이라 믿고 이 문제를 해결하려고 노력했다.

또 다른 작도 불가능한 문제는 델로스 문제이다. 기원전 431년 그리스의 두 도시국가인 아테네와 스파르타의 전쟁이 벌어지는데 이 전쟁을 '펠로폰네소스 전쟁'이라고 부른다.

전쟁 초기에 아테네는 승기를 잡았지만 기원전 430년부터 아테네에 수차례 전염병이 돌아, 아테네는 주민의 3분의 1정도가 죽었다. 아테네는 델로스 섬의 아폴로 신전에 사신을 보내 전염병을 막을 수 있는 방법을 물었다. 아폴로 신전에는 정육면체 모양인 제단이 있었는데 이 제단의 부피를 2배가 되게 하면 전염병이 멈출거라고 신전 관리자는 말했다. 아테네는 정육면체의 한 변의 길이를 2배로 새로운 제단을 만들었지만

전염병은 멈추지 않았다. 제단의 부피가 2배가 아니라 8배가 되었기 때문이었다. 그때부터 이 수학문제는 델로스 문제라고 불리워졌는데 다음과 같다.

'정육면체의 한 변의 길이를 알 때 자와 컴퍼스만으로 주어진 정육면체의 부피가 두 배가 되는 정육면체의 한 변의 길이를 작도하라.'

하지만 아테네의 소피스트들은 이 문제를 풀 수가 없었다. 아테네는 전염병으로 지도자 페리클레스를 잃고 결국 기원전 404년 스파르타에게 항복했다.

3대 작도 문제의 마지막 문제는 다음 문제이다.

' 임의의 각을 자와 컴퍼스만으로 삼등분하라. '

이 문제는 '각의 삼등분문제'라고 부른다. 원적문제, 델로스 문제, 각의 삼등분문제를 그리스 3대 작도문제라고 부르는데 이 세 문제는 훗날 수학자들에 의해 불가능하다는 것이 증명된다.

5-2 히포크라테스

이제 수학자 히포크라테스 얘기를 해보자. 이 시기에 두 명의 히포크라테스가 살았다. 한 명은 의학의 아버지 히포크라테스인데 그는 그리스 코스섬에서 태어났기 때문에 코스의 히포크라테스(기원전 460년 - 기원전 370년)이라고 부른다. 수학자 히포크라테스는 그리스의 키오스섬에서 태어났다. 그래서 그를 키오스의 히포크라테스(기원전 470년 - 기원전 410년)이라고 부른다.

키오스의 히포크라테스는 기원전 430년 상인이 되어 아테네로 갔다. 하지만 사기를 당해 재산을 모두 날린 히포크라테스는 수학자로 변신해 유클리드의 <원론>보다 한 세기 전에 <기하학 원리>라는 책을 썼다.

수학자로 변신한 히포크라테스는 델로스 문제에 도전했다. 그는 한 변의 길이가 a인 정육면체의 부피가 a^3이라는 사실로부터 a와 $2a$ 사이에 다음 조건을 만족하는 x, y를 생각했다.

$$a : x = x : y = y : 2a$$

이때 한변의 길이가 x인 정육면체를 만들면 이 정육면체의 부피는 a^3의 두 배가 된다는 것을 알아냈다. 그는 $a : x = x : y$에서 비례식의 성질을 이용하여

$$x^2 = ay \quad \text{(5-2-1)}$$

을 얻었고, $x : y = y : 2a$에서 비례식의 성질을 이용하여

$$y^2 = 2ax \quad \text{(5-2-2)}$$

을 얻었다. 식(5-2-1)의 양변을 제곱하면

$$x^4 = a^2 y^2 \quad \text{(5-2-3)}$$

이 되고, 식(5-2-2)를 식(5-2-3)에 넣으면

$$x^4 = 2a^3 x$$

가 되어,

$$x^3 = 2a^3$$

이 된다. 그러므로 한 변의 길이가 x인 정육면체의 부피는 한 변의 길이가 a인 정육면체의 부피의 2배가 된다. 하지만 히포크라테스는 자와 컴퍼스만으로 x를 구하는 데는 실패했다.

히포크라테스를 유명하게 만든 또 하나의 업적은 히포크라테스의 초승달문제이다. 다음과 같은 반원을 그려보자.

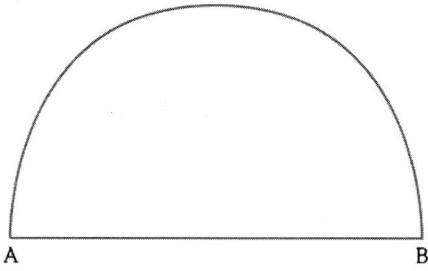

이 반원의 호의 한 점을 택해 C라고 하고 삼각형 ABC를 그리면 이 삼각형은 각 C가 직각인 직각삼각형이다.

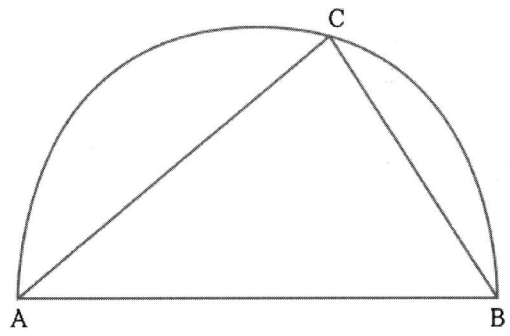

이제 지름의 양끝점이 A와 C인 반원과 지름의 양끝점이 C와 B인 반원을 다음 그림과 같이 그리고 초승달 모양 부분을 빗금을 칠하자.

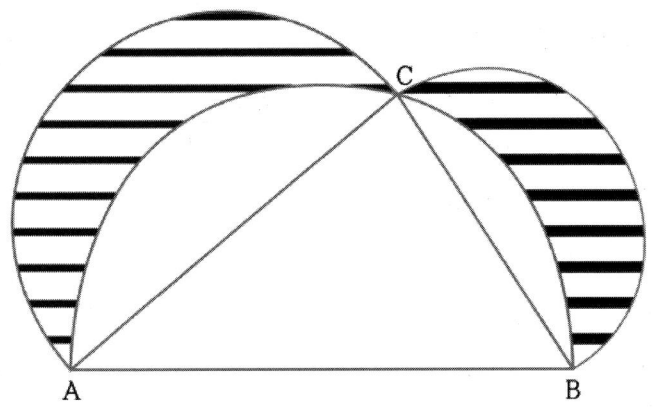

이때 빗금친 부분의 넓이는 직각삼각형 ABC의 넓이와 같다는 것을 히포크라테스가 알아냈는데 이 문제를 초승달 문제라고 부른다.

이것을 증명해보자. 원의 넓이는 반지름의 제곱에 비례하니까 지름의 제곱에 비례한다. 이제 다음 그림을 생각하자.

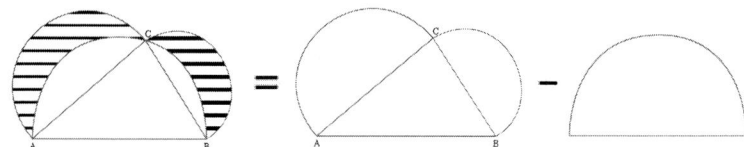

직각삼각형의 변의 길이를

AB = c

BC = b

AC = a

라고 놓으면

(빗금친 부분의 넓이)
$$= \frac{\pi}{2}\left(\frac{a}{2}\right)^2 + \frac{\pi}{2}\left(\frac{b}{2}\right)^2 + \triangle ABC - \frac{\pi}{2}\left(\frac{c}{2}\right)^2$$

가 된다. 피타고라스 정리

$$c^2 = a^2 + b^2$$

을 이용하면,

(빗금친 부분의 넓이) = $\triangle ABC$

이 된다.

5-3 제논의 역설

이번에는 제논의 역설로 유명한 제논 이야기를 해보자.

Zeno of Elea 기원전 495 – 기원전 430

엘레아의 제논은 엘레아 학파의 학자로 '운동 불가능론'을 주장한 유명한 철학자이다. 가장 대표적인 제논의 역설은 아킬레우스와 거북이의 대결 문제이다. 아킬레우스는 고대 그리스 신화에 나오는 영웅이다. 제논은 다음과 같은 문제를 생각했다.

'아킬레우스가 거북이보다 10배 빨리 이동할 수 있다고 가정하고, 아킬레우스보다 거북이를 100m 앞에서 출발시킨다. 이때 아킬레우스는 거북이를 따라잡을 수 있을까?'

제논은 아킬레우스는 영원히 거북이를 따라잡을 수 없다고 생각했다. 제논의 해설은 다음과 같다.

'아킬레우스가 100m를 달려가면 거북이는 10m를 가고, 거북이를 따라잡기 위해 아킬레우스가 10m를 가면 그동안 거북이는 1m를 나아간다. 아킬레우스가 거북이를 따라잡기 위해 달리는 동안 거북이 역시 움직이므로 아킬레우스는 영원히 거북이를 따라잡을 수 없다.'

훗날 수학자들은 제논이 물체의 운동을 설명하면서 물체가 이동한 거리만을 생각하고 물체가 이동하는 데 걸리는 시간은 생각하지 않았기 때문에 이런 잘못된 논증을 한 것임을 알게 되었다.

이제 제논의 역설을 해결해보자. 아킬레우스의 속력을 초속 10m이고 거북이의 속력이 초속 1m라고 해보자. 그리고 거북이가 100미터 앞에서 출발한다고 하자. 아킬레우스가 100m 뒤에 있으니까 100m를 따라잡을 때까지의 시간을 구하면 된다. 시간은 거리를 속력으로 나눈 값이니까 아킬레우스가 거북이가 처음 있던 위치까지 가는 데는 10초 걸린다. 그 시간 동안 거북이도 10m를 전진한다. 그러니까 10초 후에 거북이는 아킬레우스보다 10m 앞에 있다. 같은 방법을 적용하면 다시 아킬레우스가 10m를 가는 데 걸리는 시간은 1초가 되고, 그 시간 동안 거북이는 1m를 가니까 거북이는 아킬레우스보다 1m 앞에 있다. 다시 아킬레스가 1m를 가는 데 걸리는 시간은 0.1초이고, 그 시간 동안 거북이는 0.1m를 가니까 거북이는 0.1m 앞에 있다. 이런 식으로 계속되면 아킬레우스가 거북이를 따라잡는데 걸리는 시간 T는

$$T = 10 + 1 + 0.1 + 0.01 + 0.001 + \cdots \text{ (초)} \quad (5\text{-}3\text{-}1)$$

가 된다. 만일 이 시간이 무한한 시간이라면 아킬레스는 영원히 거북이를 따라잡을 수 없다. 하지만 만일 이 시간이 유한한 시간이라면 그 시간 후에 아킬레스는 거북이를 따라잡게 된다.

T에 0.1을 곱하면

$$0.1 \times T = 1 + 0.1 + 0.01 + 0.001 + \cdots \text{ (초)} \quad (5\text{-}3\text{-}2)$$

이 된다. (5-3-1)과 (5-3-2)로부터

$$T = 10 + 0.1 \times T$$

가 되고, 이 방정식을 풀면

$$T = \frac{100}{9} = 11.111 \cdots (초)$$

가 되니까 약 11.1초 후에 아킬레스는 거북이를 따라잡을 수 있다.

제6장

플라톤, 에우독소스, 아리스토텔레스

6-1 플라톤의 정다면체

Empedocles BC 494 (?) – BC 444 (?) 고대 시칠리아

이번에는 플라톤에 대한 이야기를 해보자. 그 전에 4원소설의 탄생에 대한 이야기가 필요하다. 탈레스는 모든 사물이 물로만 이루어져 있다고 생각했지만 물 이외에 사물을 이루는 기본원소 세 가지를 더 생각한 사람은 시칠리아의 엠페도클레스이다.

Plato BC 428 (?) - BC 348(?) , 고대 그리스

엠페도클레스는 세상의 모든 사물이 네 개의 기본원소인 불, 공기, 물, 흙으로 이루어져 있다는 4원소설을 주장했다. 플라톤은 엠페도클레스의 4원소설을 믿었다. 플라톤은 소크라테스로부터 철학은 배웠지만 수학을 사랑했다. 플라톤은 수학 중에서도 기하학에 관심이 많았는데 4원소의 모양이 입체도형과 관계있을 거라 생각했다. 그는 입체도형중에서 정다면체에 대해 관심이 많았다. 플라톤의 학교에는 '기하학을 모르는 사람은 이 학교에 들어올 수 없다'라는 글이 쓰여있을 정도로 플라톤은 기하학을

사랑했다.

정다면체는 모든 면이 합동인 정다각형으로 이루어져 있으며, 각 꼭짓점에서 만나는 면의 개수가 같은 도형을 말한다. 정다면체는 정사면체, 정육면체, 정팔면체, 정십이면체, 정이십면체의 다섯 종류만 가능하다.

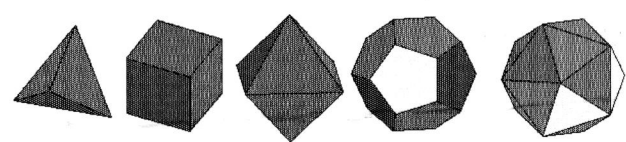

플라톤의 4 원소와 제5원소

정사면체, 정육면체, 정십이면체는 피타고라스가 발견했고, 나머지 두 정다면체는 플라톤의 친구인 테아에테투스(Theaetetus)가 발견했다. 플라톤은 엠페도클레스의 4원소의 모양을 네 개의 정다면체에 대응시켰다. 그는 흙은 정육면체, 공기는 정팔면체, 물은 정이십면체, 불은 정사면체에 대응시켰다.

플라톤은 불이 내뿜은 열기가 매우 날카롭고 찌를 듯하기 때문에 정사면체 모양이라고 생각했고, 물은 작은 공모양에 가깝기 때문에 정다면체 중에서 가장 공모양이 가까운 정이십면체로 묘사했고, 단단한 흙은 정육면체로 공기는 정팔면체로 묘사했다. 즉, 4원소의 성질과 가장 잘 어울리는 정다면체가 4원소의 모습이 되어야 한다고 생각한 것이다. 나머지 하나의 정다면체인 정십이면체에 대해, 플라톤은 정십이면체가 별들을 이루는 새로운 원소라고 생각했다.

이제 정다면체가 왜 다섯 종류뿐인지 알아보자. 다음과 같이 세 개의 직선이 만나는 경우를 보자.

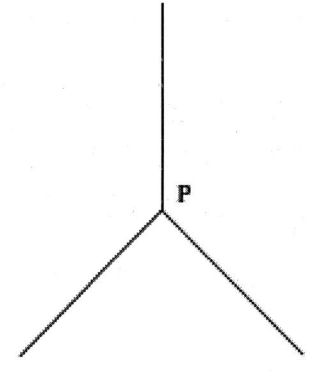

세 개의 직선이 꼭지점 P에서 만났다. 이때 직선들이 이루는 각은 모두 120°이고 세 각을 모두 더하면 360°이다. 360°는 평면을 한 바퀴 돌 때의 각도이다. 그러니까 이 직선은 평면에 놓이게 되니까 점 P를 꼭지점으로 하는 입체도형은 만들어지지 않는다.

다음 그림을 보자.

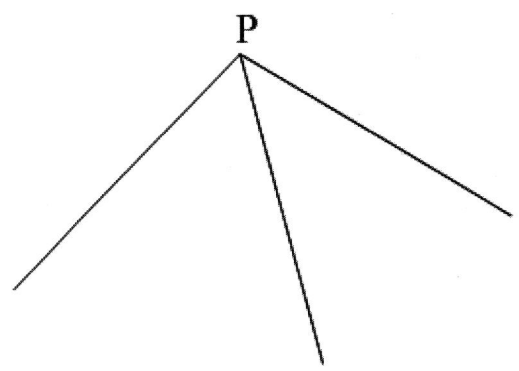

이러면 입체도형이 만들어진다. 이렇게 한 꼭지점에서 만나는 다각형들의 내각의 합이 360°보다 작을 때만 입체도형이 만들어진다. 먼저 정삼각형으로 이루어진 정다면체는 어떤 것들이 있는지를 알아볼까? 정삼각형의 한 내각의 크기는 60°이다. 그러니까 한 점에 정삼각형이 3개 모이면 내각의 합은

$$3 \times 60° = 180° < 360°$$

이므로 한 점에 정삼각형이 세 개 모인 정다면체는 만들어진다. 이것이 바로 정사면체이다. 한 점에 정삼각형이 네 개 모이면 내각의 합은

$$4 \times 60° = 240° < 360°$$

이므로 한 점에 정삼각형이 네 개 모인 정다면체도 가능한데 이것이 정팔면체이다.

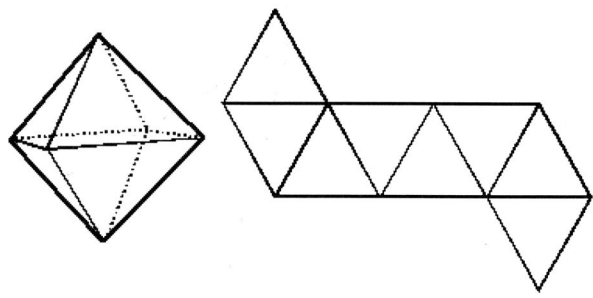

마찬가지로 한 점에 정삼각형이 다섯 개 모이면 내각의 합은

$$5 \times 60° = 300° < 360°$$

이므로 한 점에 정삼각형이 다섯 개 모인 정다면체는 만들어지는데 이것이 정십이면체이다.

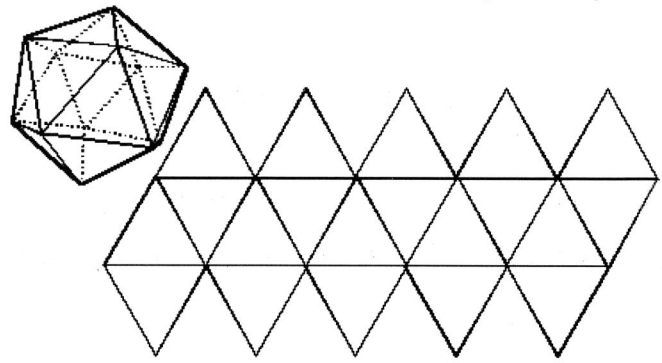

한 점에 정삼각형이 6개 모이면 내각의 합이 $6 \times 60° = 360°$가 되어 정다면체가 만들어지지 않는다. 같은 이유로 한 점에 정삼각형이 7개 이상 모인 정다면체는 존재하지 않는다.

한 점에 정사각형이 모인 정다면체를 보자. 정사각형의 한 내각의 크기는 90°이니까, 한 점에 정사각형이 세 개 모이면 내각의 합은

$$3 \times 90° = 270° < 360°$$

이므로 한 점에 정사각형이 세 개 모인 정다면체는 만들어지는데, 이것이 바로 정육면체이다.

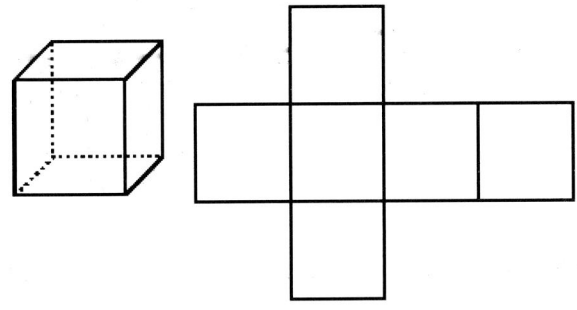

한 점에 정사각형이 네 개 모이면 내각의 합은

$$4 \times 90° = 360°$$

가 되므로 이런 입체도형은 만들어지지 않는다. 그러므로 정사각형으로 만들 수 있는 입체도형은 정육면체 하나뿐이다.

이제 정오각형으로 만들 수 있는 정다면체를 보자. 정오각형의 한 내각의 크기는 108°이므로 한 점에 정오각형 세 개가 모이면 내각의 합은

$$3 \times 108° = 324° < 360°$$

가 되어 한 점에 정오각형이 세 개 모이는 정다면체는 만들어지는데 이것이 정십이면체다.

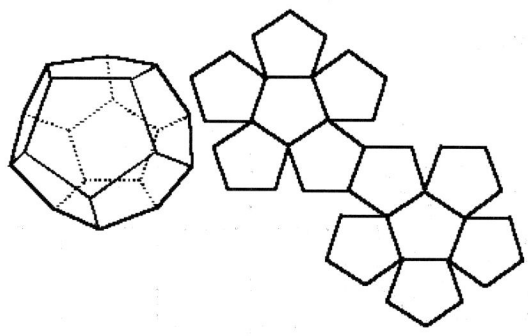

정오각형이 한 점에 네 개 모이면 내각의 합은 $4 \times 108° = 432°$ 가 되어 360° 보다 커지므로 이런 입체도형은 만들어지지 않는다. 그러므로 정오각형으로 만들 수 있는 정다면체는 정십이면체 하나뿐이다.

정육각형의 한 내각의 크기는 120° 이므로 한 점에 정육각형 세 개가 모이면 내각의 합은 $3 \times 120° = 360°$ 이 되어 입체도형이 만들어지지 않는다. 같은 이유로 정칠각형, 정팔각형, … 은 한 내각의 크기가 120° 보다 커지므로 이런 도형들이 한 점에 세 개 모이면 각이 360° 보다 커지게 되어 입체도형을 만들 수 없다.

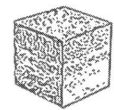

6-2 아리스토텔레스

이번에는 플라톤의 제자인 아리스토텔레스 이야기를 해보자. 엠페도클레스의 4원소설을 가장 발전시킨 사람은 고대 그리스의 아리스토텔레스이다.

Aristotle BC 384- BC 322, 고대 그리스

아리스토텔레스는 기원전 384년 마케도니아 왕의 주치의의 아들로 태어났다. 어려서부터 학문의 즐거움에 빠진 아리스토텔레스는 젊은 시절 아테네로 가서 플라톤의 제자가 되었다. 플라톤이 아테네에 세운 아카데미는 젊은 학자들이 모여서 토론과 논쟁을 하는 곳이었다. 아테네에서 지낸

 20년 동안 그는 플라톤의 총애를 받으며 철학과 자연과학을 배웠는데 이때 그는 4원소의 개념을 처음으로 접했다. 플라톤이 죽자 그는 아테네를 떠나 마케도니아로 돌아와 훗날 알렉산더 대왕이 되는 알렉산더 왕자의 개인 선생이 되었다.

 알렉산더 대왕이 즉위하면서 아리스토텔레스는 아테네에 최초의 학교인 리세움을 세울 수 있었다. 이 학교에서 아리스토텔레스는 4원소설에 대한 본격적인 연구를 시작했다.

리세움

아리스토텔레스는 엠페도클레스의 이론보다는 스승인 플라톤의 생각을 따랐다. 그 역시 네 개의 원소가 불변이 아니라 서로 바뀔 수 있다고 생각했다. 그는 네 가지 원소가 가진 성질에 주목했다. 그가 내세운 네 개의 성질은 차가움, 뜨거움, 축축함, 건조함이었는데 원소는 차가움과 뜨거움 중에서 하나의 성질을 가질 수 있고 축축함과 건조함 중에서 하나의 성질을 가질 수 있다고 생각했다. 그의 주장에 따르면 물은 차가움과 축축함을 흙은 건조함과 축축함을 불은 뜨거움과 건조함을 공기는 뜨거움과 축축함을 가지고 있다. 그는 원소가 가진 성질이 변하면 그 원소는 다른 원소로 바뀔 수 있다고 믿었다. 예를 들어 불의 건조함이 축축함으로 변하면 불이 공기로 바뀐다는 것이 그의 생각이었다.

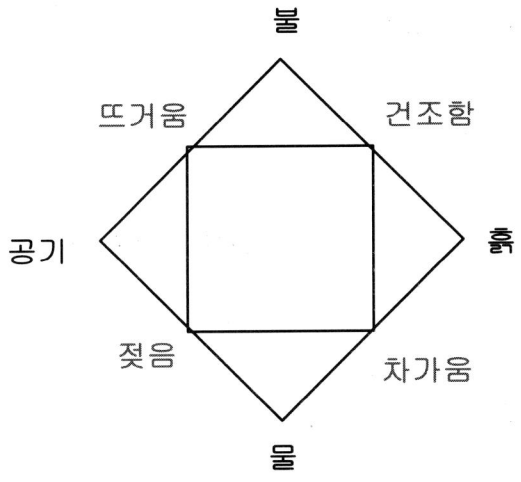

이제 아리스토텔레스가 수학 역사에 남긴 일을 보자. 아리스토텔레스는 $\sqrt{2}$가 무리수라는 것을 처음 증명했다. 그는 $\sqrt{2}$가 유리수라고 가정하고, 모순이 생긴다는 것을 보이는 방법으로 이 명제를 증명했다. 이 증명과정을 살펴보자.

모든 유리수는 기약분수로 나타낼 수 있다. 그러므로 $\sqrt{2}$가 유리수라면 다음과 같이 기약분수로 나타낼 수 있다.

$$\sqrt{2} = \frac{q}{p}$$

여기서 p와 q는 서로 소인 자연수이다. 이제 이 식의 양변에 p를 곱하면

$$\sqrt{2} \times p = q$$

이다. 이제 양변을 제곱하면

$$(\sqrt{2})^2 \times p^2 = q^2$$

이다. 여기서 $(\sqrt{2})^2 = 2$이므로 위 식은 다음과 같이 된다.

$$2 \times p^2 = q^2$$

이 식을 보면 q^2는 p^2의 2배이다. 그러므로 q는 2의 배수이다.

왜 그런지 간단히 알아보자. 2의 배수는 짝수를 말해. 즉 다음과 같다.

2, 4, 6, 8, ⋯

각각을 제곱하면 다음과 같다.

4, 16, 36, 64, ⋯

이렇게 2의 배수의 제곱은 항상 2의 배수이다.

이제 다시 본론으로 들어가자. 이제 q가 2의 배수이므로 q는 2와 어떤 수의 곱으로 나타낼 수 있다. 즉,

$$q = 2 \times m$$

이라고 쓸 수 있다. 여기서 m은 자연수이다. 이것을 $2 \times p^2 = q^2$에 넣으면

$$2 \times p^2 = (2 \times m)^2$$

이 된다. 이 식을 정리하면 다음과 같다.

$$p^2 = 2 \times m^2$$

그러므로 p도 2의 배수이다. 그러니까 p와 q는 공약수 2를 가진다.

그런데 p와 q는 서로 소라고 했으므로 가정에 모순이 된다. 이것은 가정이 틀렸다는 것을 의미한다. 그러므로 $\sqrt{2}$는 유리수가 아니다. 이 방법으로 아리스토텔레스는 $\sqrt{2}$가 무리수라는 것을 증명했다. 이 내용은 나중에 유클리드가 그의 책 <원론>에 포함된다.

아리스토텔레스의 방법에 따라, 기원전 5세기 경에 살았던 그리스의 테오도로스는 $\sqrt{2}$ 외에도
$\sqrt{3}, \sqrt{5}, \sqrt{6}, \sqrt{7}, \sqrt{8}, \sqrt{10}, \sqrt{11}, \sqrt{12}, \sqrt{13}, \sqrt{14}, \sqrt{15}, \sqrt{17}$
이 무리수라는 것을 알아냈다. 그는 이들 제곱근을 이용해 아름다운 나선모양을 만들었다.

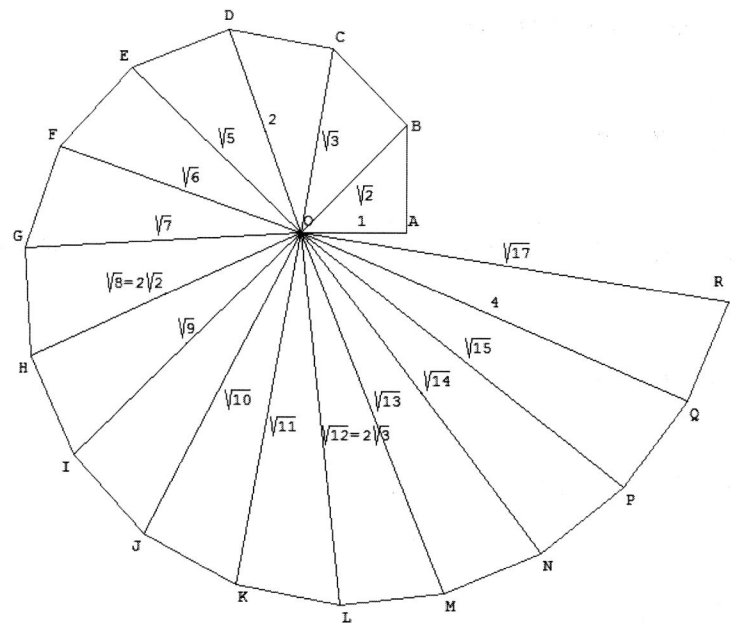

제곱해서 2가 되는 수는 처음 아라비아에서도 radix라고 불렀다. 그러다가 1228년 레오나르도 피사로는 제곱해서 2가 되는 수를 R2라고 썼고 1525년 루돌프(Rudolff, C. ; 1499~1545)는 기호 √을 사용해 이 수를 √2 라고 썼다. 여기서 √는 radix의 첫 글자 r에서 나왔다. √에 가로 막대를 덧붙여 지금과 같은 꼴 √ (루트:root)로 쓰기 시작한 사람은 프랑스의 데카르트(Descartes, R. ; 1596~1650)이다.

6-3 에우독소스

이제 비례식을 처음 연구한 에우독소스 이야기를 해보자.

Eudoxus of Cnidus 기원전 408-기원전 335

에오독소스의 아버지 아이스키네스는 밤에 별을 보는 것을 좋아했다. 기원전 387년경, 23세의 나이에 그는 아테네로 가서 플라톤의 제자가 되기 위해 의학자인 테오메돈과 함께 여행을 했다. 그는 플라톤의 강의와 여러 철학자들의 강의를 몇 개월 동안 들을 수 있었지만, 의견이 충돌해서 사이가 벌어졌다. 에우독소스는 매우 가난해 플라톤의 강의를 듣기 위해, 매일 11km를 왕복해야 했다. 가난한 그를 위해 친구들은 이집트의 헬리오폴리스에서 수학과 천문학 공부를 할 수 있을 만큼의 충분한 성금을 모았다. 그는 그곳에서 16개월을 살면서 자신의 제자들을 많이 모을 수 있었다.

기원전 368년경, 에우독소스는 그의 제자들과 함께 아테네에서 수학연구를 하다가 훗날 고향 크니도스로 돌아가서, 천문대를 짓고, 신학, 천문학, 기상학에 대한 책을 쓰고 제자들을 가르쳤다.

에우독소스는 비례식의 여러 가지 성질을 알아냈다. 특히 그는

$$a:b=c:d$$

이 성립하면

$$\frac{a}{b}=\frac{c}{d}$$

가 성립한다는 것을 알아냈다.

한편,

$$\frac{a}{b} = \frac{ad}{bd}$$

이고

$$\frac{c}{d} = \frac{bc}{bd}$$

이므로

$$ad = bc$$

이 되어, 비례식에서 내항의 곱과 외항의 곱이 같다. 이것을 처음 알아낸 사람이 바로 에우독소스이다. 그 외에도 에우독소스는 원의 넓이가 반지름의 제곱에 비례한다는 것을 증명했고, 원뿔의 부피가 원기둥의 부피의 $\frac{1}{3}$이 된다는 것을 증명했다.

6-4 메니에크무스의 원뿔곡선

이번에는 원뿔곡선을 발견한 메니에크무스 이야기를 해보자.

Menaechmus 기원전 380-기원전 320, 그리스)

메니에크무스는 에우독소스의 제자이다. 당시 마케도니아의 알렉산더 대왕은 동쪽의 인도에서부터 서쪽의 이탈리아 반도에 이르는 대국가를 건설했다. 알렉산더 대왕에는 학술문화의 육성에도 큰 관심을 보였는데 이 시기에 형성된 문화를 헬레니즘이라고 부른다. 메니에크무스는 알렉산더 대왕의 수학선생님이었다.

메니에크무스는 하나의 입체도형으로부터 재미있는 곡선들을 만드는 방법을 연구했다. 메니에크무스는 원뿔을 어떻게 자르는가에 따라 여러 가지 곡선이 나타난다는 것을 알아냈다.

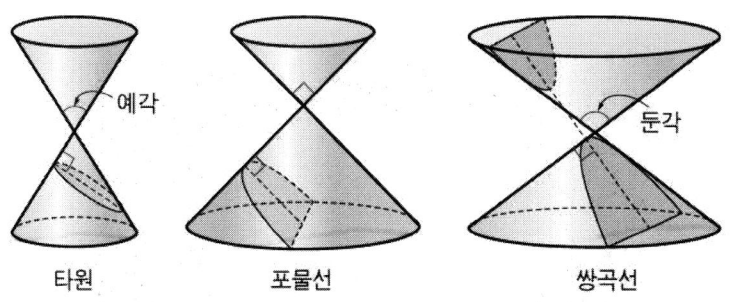

메니에크무스는 꼭지각이 예각인 원뿔(예각원뿔)을 비스듬히 자르면 타원이 나오고 꼭지각이 직각인 원뿔(직원뿔)을 비스듬히 자르면 포물선이 나오고 꼭지각이 둔각인 원뿔 (둔각원뿔) 두 개를 꼭짓점을 맞대게 하고 비스듬하게 자르면 쌍곡선이 나온다는 것을 알아냈다. 메니에크무스는 타원을 예각 원뿔의 절단면, 포물선을 직원뿔의 절단면, 쌍곡선을 둔각 원뿔의 절단면이라고 불렀다. 이렇게 원뿔로부터 만들어지는 곡선인 타원, 포물선, 쌍곡선을 원뿔곡선이라고 부른다.